# 几何真好玩

〔意〕安娜·伽拉佐利 文

〔意〕阿德里亚诺·贡 图

王筱青 译

南海出版公司

新经典文化股份有限公司
www.readinglife.com
出　品

# 目 录

# 第1课

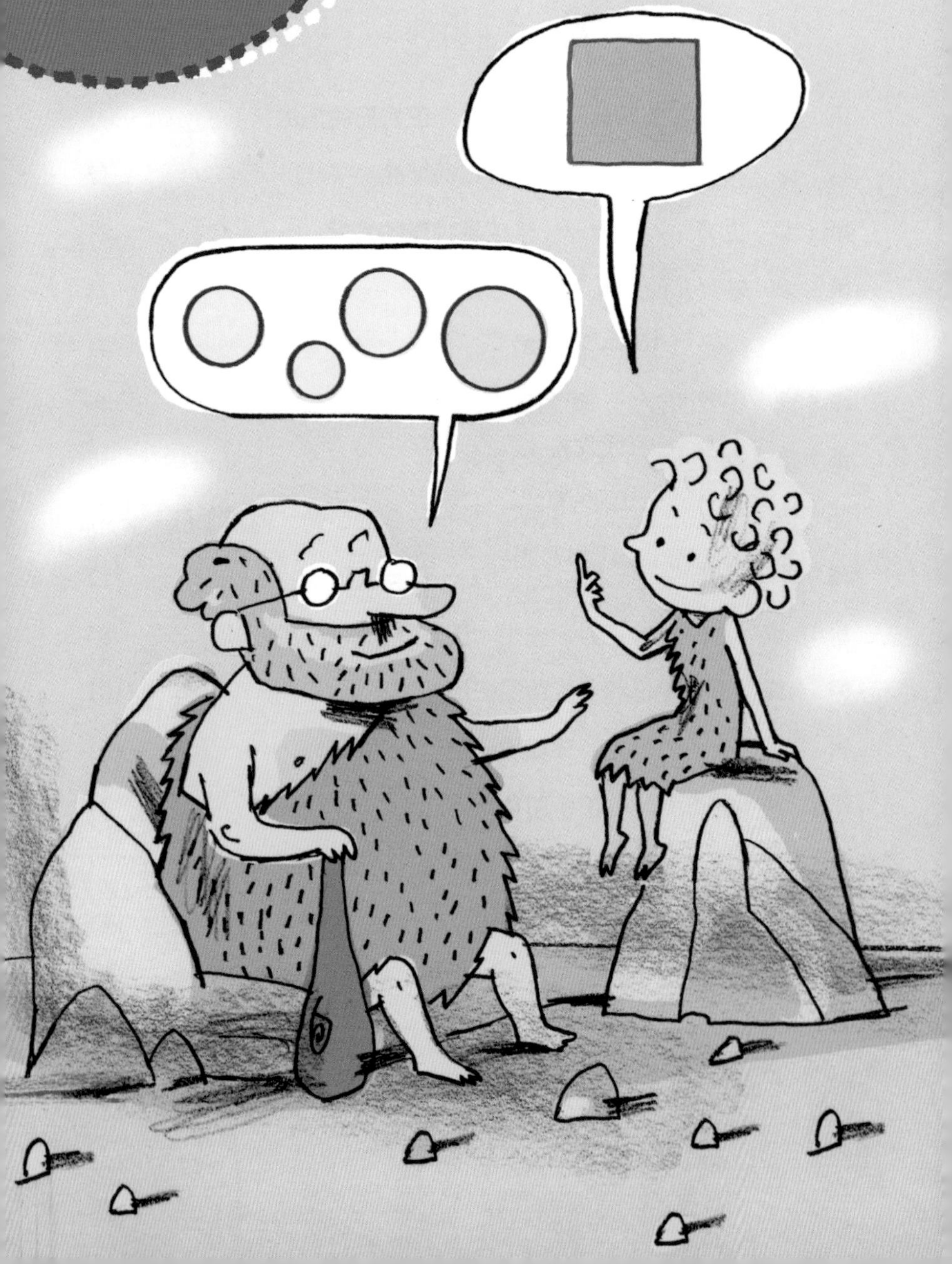

## 很久很久以前，它不存在

# 正方形的历史

"爷爷，你知道吗？有些谎话可以说。"

"我可不这么想，人不能说谎。"

"可是马克跟我发誓说，好的谎话是可以说的。"

"好的谎话？哪些算好的谎话？"

"不知道……比如，当妈妈问我'作业写完了没有'，我总是回答'写完了'，然后马上跑去写作业。您也可以说这样的谎话，当她问你'吃药了没'，你告诉她'吃了'，然后马上跑去吃，不对，是我跑到房间帮您把药拿过来。这样她就不会再唠叨了。这就是'好的'谎话。我敢打赌，您小的时候，所有的谎话都不能说，那会儿大家都特别严肃，对吧？我很高兴出生在现在。您现在愿意给我讲故事吗？"

"菲洛，也许你应该马上上床睡觉，明天就要开学了，你都已经不习惯早起了。我明天再给你讲故事。"

"爷爷，不要这么严肃好不好！我还告诉你关于说谎的好建议呢……再说，不讲故事我根本就睡不着！"

"好吧，让我想想有什么好故事。很久很久以前……可问题是我真的没有太多想象力。什么王子、公主、龙、宇宙飞船，我什么都想不出来！"

"加油，爷爷，别放弃！你不是总对我说'好好想想，总会有主意的'。"

"好吧，我试试。很久很久以前……有一个漂亮的正方形！"

"这就是你能想到的？又给我讲数学？真倒霉，我为什么就不能有个冒险家爷爷，或者导演星球大战的爷爷呢？对不起啦，我不是说你不好。我喜欢你，也喜欢数学，但是我还是个小孩，一个快变成少年的男孩。"

"你说得对，快变成少年的男孩，但是，你不知道这个关于正方形的故事多有意思。我保证，这是一个真正的冒险故事，你会喜欢的。因为正方形就像一艘宇宙飞船。对于原始人来说，想象一个正方形，就好比我们想象宇宙飞船一样，他们从来没有见过这么特殊的图形。在他们周围，什么房屋都没有。很久以前，自然界是不存在正方形的。原始人能见到的只有圆形，像月亮、水中的鹅卵石、野菊花的花冠或者彩虹，还有蜗牛壳，但确实找不到任何正方形。所以，他们离开山洞后最早建的房屋也是圆形的—— 一个顶上盖着动物皮毛的圆形棚屋。对他们来说，正方形是一个未来的产物。只有天才才能思考它、设计它或者创造它！"

"我从来没有想过这些，爷爷。现在，到处都可以见到正方形。原始人真可怜，他们连填字游戏都玩不了。"

"于是，当正方形正式登台亮相后，一下子就成了主角！

你听听古希腊著名的历史学家希罗多德怎么说：4000多年前，法老塞索斯特里斯将尼罗河沿岸的土地划分成了很多个一模一样的正方形，并将这些土地分配给他的臣民去耕种。而作为回报，臣民们每年都要交税。"

"我知道那片土地很肥沃。因为尼罗河经常泛滥，河水会浇灌土地。"

"尼罗河灌溉了那片土地，让土壤变得非常肥沃，但同时也让划分好的土地界限发生了变化，甚至冲走了部分土地。然后地主就找到法老，认为不该交以前那么多的税。于是，塞索斯特里斯派官员们去测量土地到底少了多少，这样就可以计算出新的税金。"

"我觉得这样做很有道理。"

"你猜希罗多德最后怎么说？他说：'我认为正是因为这

样，人们才发明了几何。'总之，正是因为反反复复地划分正方形土地，才诞生了几何。菲洛，现在你明白事情的发展了吗？'几何'这个词的意思，指的就是土地的大小及尺寸。

"法老的官员们带着绳子和木桩到达要测量的地方。他们把木桩竖直钉在正方形土地的四个角，用绳子把木桩两两连起来，并沿着这些绷直的绳子挖了沟，把它们当作土地的边界。所以，做这个工作的人被叫作'拉绳子的人'。而我们常说的'拉一条直线'就是从这里演化来的。还有英文中的直线这个词'line'也源自另一个词——'linen'，也就是亚麻的意思，因为那时的绳子是亚麻做的。"

"这个故事真有意思！我最喜欢古埃及人了。但是，为什么法老一定要用正方形呢，他不喜欢长方形吗？"

"我的孩子，能当法老的人都得特别聪明才行。他没有选择长方形，恰恰说明他非常聪明！如果你是一个农民并拥有一块新的土地，他们给了你一条绳子，假设这条绳子长 200 米，让你用它圈出属于你的土地。你怎么选，一个长方形还是一个正方形？当周长一定的时候，哪种形状对你来说更有利呢？"

"长方形和正方形我都喜欢。但我肯定希望土地越大越好，这样就可以种绿叶蔬菜、番茄、土豆，我最喜欢炸薯条了，最好再来点番茄酱，还有黄瓜，我还可以搭一个鸡棚……"

"好吧，我明白了，你想要它的面积尽可能地大，那你就必须选择正方形。因为，在各种各样的长方形中，不管细长的还是扁平的，只有当长和宽一样，也就是四条边一样长的时候，面积才是最大的。

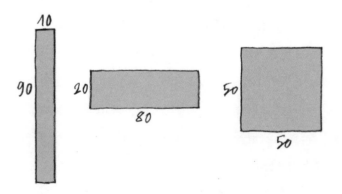

试一下，如果长是 10，宽是 90，那么面积是 10×90=900；如果长是 80，宽是 20，面积则是 80×20=1600。而当长和宽都是 50 的时候，面积就大得多了：50×50=2500。在众多长方形中，你只有选择了正方形，才能保证土地的面积最大而周长最小，这样就可以节省修建围栏的钱，你同意吗？"

"是的，我被你说服啦……我要在一块很棒的正方形土地中央建一个漂亮的正方形小房子！"

"当然没问题！同样，如果想节省房子的外墙，你也应该选择修建一个正方形的家，面积相同的时候，正方形房屋的周长是最小的！"

"爷爷你太会精打细算啦！"

"现在上床睡觉吧，菲洛。做个好梦，希望梦里你可以变成一个快乐生活的农民！"

# 我要停下来去种地
# 几何的诞生

"爷爷，那个把田地划分成一样大小的正方形的埃及法老，肯定是个特别能干的人！因为他对任何人都很公平。一点也不像我们的校长，只让低年级的学生去花园玩。如果什么时候我们再去博物馆，您能指给我看哪个是他的雕像吗？"

"说实话，我也不知道博物馆有没有他的雕像。但是，如果将来我们能去伦敦的大英博物馆参观，我会让你看一件特别特别激动人心的东西，那就是著名的莱因德纸草书。那是英国的莱茵德先生 1858 年购得的一卷在埃及卢克索发现的莎草纸。这卷莎草纸长度刚好比 5 米多一点点。4000 多年前，一个叫阿默斯的人，在上面抄写了 84 个数学问题。这些数学问题，让我们了解了古埃及的数学。就好比说，4000 年以后，我们的文明绝迹了，后人通过某个学生的一本数学笔记，了解到了我们对于数学的认知。这多有意思啊！"

"有意思？简直太棒了！从今年开始，我要工工整整地好好记笔记，将来的事谁知道呢……"

"你要知道，在阿默斯的那个年代，古埃及还没有任何货币，全部商业活动，比如买东西或者工作的报酬，都是通过交换珍贵的物品来实现的。而交换各种物品，有很多时候都需要计算。"

"我知道，这个叫作'以物易物'！我们学校也有，但我们总会吵架……"

"我明白，让大家意见一致是一件很难的事情。刚好就是在这卷草纸上，阿默斯记下了这些日常生活中遇到的问题，比如不同物品在交换时的数量换算，几个人之间如何分配面包、啤酒和大麦。记录的都是有关算术或几何的问题，每一个问题都对应着一个解决的'诀窍'。"

"所以这个阿默斯发明了你说的这些'诀窍'？还是别人教给他的？"

"这些诀窍当然是古埃及人世世代代积累经验的结果，是用来解决实际问题的古老方法。所有的一切都是从10000年前开始的。那时，原始人经历了一场巨大的变革，就像我们现在正在经历的信息革命一样。"

"是跟恐龙有关吗？我知道它们灭绝的原因，是陨石坠落在地球上造成的！您不是也看了那个电视节目吗？"

"不是，跟恐龙没关系，它们千百万年前就已经灭绝了。是另外一件事。在那个年代，原始人没有固定的居所，以打猎和采集野果为生。过这样的生活，人们需要的并不多，只需要一些长矛来杀死动物，一些皮毛来遮盖身体，一些山洞来睡觉。所以，'穴居人'的称呼也不是随便得来的。

"事情发生变化，就是在人类停止游荡，从游牧生活变成在一个地方定居的时候。那正是 10000 年前，一个男人，或者没准是一个女人，发现把种子埋在地里，就能种出可以吃的植物；把动物圈养起来，就有牛奶、鸡蛋和肉吃。于是，他们选择了靠近河边的一块好地方，并定居了下来。河流是非常重要的，它可以用来浇灌农作物，也可以用来给动物们取水喝……当然还可以用来洗澡。"

"用来洗澡？所以洗澡这件事从那时候就有了！我以为原

始人的小孩可以逃过洗澡呢！"

"总之，人类发明了农业和畜牧业，开始了定居生活。也就是那时候，人们发明了数学。"

"妈妈也总是对我说：'菲洛，停下来，不然你什么也做不成！'如果总是到处乱跑，就永远没有时间发明那些有用的东西。"

"说实话，并不是有没有时间的问题。是因为有了刺激，有了需要，是因为生活中的变化，让一些新的事物应运而生。因为人类总是在一起居住，所以必须发明一些让大家都能遵守的法律。"

"没错，就是这样！我们在学校里也有班级守则。比如，不可以在别人讲话的时候插话，马克就因为这个总挨训……"

"而最有意思的是，在农业和畜牧业诞生的同时，城市也诞生了，这就带来了很多建筑上的问题。造房子除了需要材料以外，还需要懂得几何和算数，我的好孩子。"

"那房子是什么样？还是圆的吗？"

"为了能够彼此挨得近一些，造房子最好用垂直的墙面而不是圆形墙面，这样两边的房子就可以共同使用一面墙，对吧？在最初的城市里，所有的房屋都是以正方形或者长方形为基础的。"

"爷爷，可是他们把房子盖成长方形的，不是一点都不节省空间吗！你跟我说，正方形的是最好的。"

"你说得很正确！但长方形的房子有个好处，就是光照到的范围更大。因为它的周长更长，所以外墙的面积就更大，可以开更多的窗户。总之，我们应该搞清楚，自己最需要的是什么。"

"我很喜欢窗户！它可以让我看到外面发生了什么……下雪的时候，从窗户向外看，还可以看到人们滑倒。总之，我明白了：正方形是用来省地方的，长方形是用来晒太阳的。"

"对，就是这样。还有三角形是用来加固的！"

"加固什么？"

"三角形这个小家伙虽然比其他形状少一条边，却更结实、更坚固。当人们开始建造正方形或长方形的房子时，房顶出现了问题：如何能建造一个既坚固又能让雨雪顺着滑下来的房顶呢？于是，人们发明了'桁（héng）架'。

"这条水平的边叫作'腹杆'，倾斜的两条边叫作'弦杆'。可以不用钉子，用凹槽将它们搭建在一起。把它们放在墙顶上，再想办法把它们遮盖起来，这样房顶就建好了。房顶的桁架结构非常坚固。你可以试验一下，拿几根机械拼装玩具的金属条，搭出一个正方形和一个三角形。

"用手指使劲儿压正方形和三角形的一个顶点。你猜会发生什么？正方形会被压扁，会被压变形，而三角形不会。三角形是唯一一个有这种特性的几何图形，不会变形！它们非常坚固，所以常用于建筑中，比如房顶、桥梁，吊车中也有三角形。

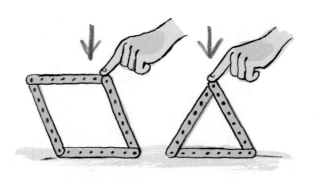

"想想埃菲尔铁塔吧，这个夏天你才参观过。还有网格穹顶，也不需要用梁支撑。"

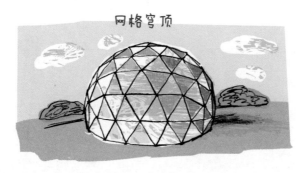

网格穹顶

"爷爷，你知道我想说什么吗？我很喜欢这个桁架，虽然小但很结实。其实我早就知道了！你来看看我的肌肉，是不是和它很像！"

# 史努比勾股定理
# 毕达哥拉斯的发现

"爷爷，别跟我说您已经睡着了！看来你是真的不喜欢这部动画片！"

"啊，抱歉，我刚刚有点走神了。"

"您给我讲正方形的故事时，我从来都不走神。正方形不是每次都赢，长方形和三角形也有赢的时候，而且三角形和正方形很配。您还给我讲过勾股定理呢！那里面有一个三角形和三个正方形挨在一起，就像这样。"

"没错！大家都知道勾股定理：在一个直角三角形中，以两条直角边分别建立的正方形面积的总和，等于以斜边建立的正方形的面积。换句话说……"

"假如那些正方形是巧克力做的，我吃那个大的，你吃那两个小的，咱俩就不会因为谁吃得多而吵架了！"

"不过，你知道吗？有件事情很奇怪。如果画个其他的形状代替正方形，比如史努比的小房子，这个定理也一样成立，只要这3个形状是相似的。就像你用相机时会变换焦距一样，你把它们放大或者缩小，它们都可以彼此重合。"

"太神奇了！"

"所以，如果你想给3个小房子刷上颜色，刷两个小房子需要的油漆总和，跟刷大房子需要用到的油漆一样多。你明白了吗？"

"那我一定会把房子涂成黄色，房顶涂成红色。可是，爷爷，毕达哥拉斯知道这件事吗？如果他知道，当初可以把这个定理画得再漂亮些，用一些更好看的形状代替正方形。他去过埃及旅行吗？可以画上金字塔、狮身人面像，或者法老的人像，您觉得怎样？"

"毕达哥拉斯是个特别严肃的人，他可不像我们这么爱玩。对于他来说，这个定理是用来解释怎么把房子的角建成直角的：家或神庙无论是以正方形还是长方形为基础，房子的角都是直角，都必须非常精确。"

"我知道怎么做，这还是您告诉我的：找一条绳子，每隔固定的距离打个结，一共打 12 个结，然后把木桩插在地上，再用绳子围成一个三角形。"

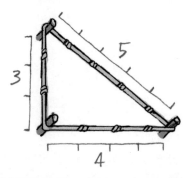

"很好，你记得很清楚。这样的话我们就能确定，最长的边对应的那个角是直角。实际上，直角三角形以两条短边建立的正方形面积的总和，等于以长边建立的正方形面积。用绳子围起来的三角形就是这样。你看：

$$3 \times 3 + 4 \times 4 = 5 \times 5$$

"而数学家们喜欢把它写成更简短的方程式：

$$3^2 + 4^2 = 5^2$$

"我知道，这是一个乘方。葛拉兹老师给我们讲过。很简单，就是重复的乘法，右上角的小数字叫作'指数'。爷爷，我知道为什么毕达哥拉斯要用正方形了！因为连小朋友都知道怎么计算正方形的面积：只需要用边长乘边长。但是，爷爷，我觉得人们对毕达哥拉斯崇拜得过头了。只要我们用学校里的那种三角板，马上就能画出一个直角。还有，在故事里，就因为他验证了定理后很高兴，就杀死了100头牛，这是不是有点太过分了，您同意吗？"

"亲爱的菲洛，不可以冒犯毕达哥拉斯。你知道吗，要是没有他的定理，我们连家里的房子都盖不了。如果不用毕达哥拉斯的计算方法，你怎么知道家里的房梁需要多长呢？我们假设阁楼高6米，房子宽16米，那屋顶的房梁应该有多长呢？

"这就是这个定理特殊的地方。已知两条边的尺寸，就可以算出第三条边的尺寸。在我们的例子中，三角形的两条短边分别是6米和8米。算一下以这两条边为边的两个正方形的面积：

$$6^2 + 8^2 = 36 + 64 = 100$$

"这样，你就知道了，以长边为边的正方形面积是 100 平方米。现在只需要知道：面积是 100 平方米的正方形边长是多少？"

"爷爷，这个很简单，是 10。如果数字很大，老师就会让我们用计算器算。"

"老师很不错啊，还教你们认识了'平方根'，就是通过开平方得出结果。它的符号我随便画一下，但其实它代表的意义很简单。比如，100 的平方根写作

$$\sqrt{100}$$

"读作'根号下 100'，或'100 的平方根'。就像你刚说的，这个结果是 10，因为 $10^2$ 等于 100。勾股定理真的是一个非常棒的定理，我认为它是这世界上最著名、使用最多的定理！而且已经有 2500 年的历史，人们从来没有停止使用它。举个例子，比如罗宾汉要攀登他的死敌——'无地王'约翰[①]的城堡，要是没有毕达哥拉斯，他怎么能做到呢？"

"爷爷，您说得太夸张了！"

_____

[①]英国国王约翰一世，亨利二世的幼子，因为他出生后没有获得一块独立的领土，所以绰号为"无地王"。

"一点也不夸张。想想看，城堡高 12 米，周围还有条 5 米宽的护城河。梯子应该长多少米，我们的英雄才能爬上城堡？"

"这里出现了一个直角三角形……等一下，让我来解决。为了罗宾汉，这是值得的。好啦，梯子应该长 13 米。假如我是他，就会在夜晚登上城堡，把正在做梦的守卫吓一跳，再把'无地王'约翰关到牢房里，然后占领城堡，最后跟玛丽安小姐结婚！他们两人是相爱的，对吧？我开始觉得毕达哥拉斯挺亲切了。"

"你可以这么认为，虽然实际上他非常严肃。想想他的克罗托内学校里的学生，他们在最开始的两年里，一个字都不许说！"

"真的吗？马克要是在那里会被憋死的！或许他们该把他的嘴堵起来！"

"唯一让他们打发时间的，就是有形数。你知道什么是有形数吗？"

"不知道！"

"就是用数字排成的一个形状或者图形。比如，数字 1 用一个小石子来代表。如果把这个小石子跟其他 3 个摆在一起，就得到了 4，如果摆得很巧妙，就形成了一个正方形；如果再摆上 5 个石子，就得到了 9，9 也是一个正方形。"

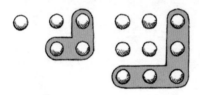

"等一下，让我来接着摆吧。如果再加上 7 个小石子，就得到了一个数字是 16 的正方形……

但是，爷爷，这样加下去是没有尽头的！只要有小石子，再在上面加上一个奇数就可以。"

"很好。你跟毕达哥拉斯的学生一样，都发现了这个特点：将从 1 开始的连续奇数相加，就会得到所有的平方数。我现在承认，你是不折不扣的毕达哥拉斯学派的学生！"

# 较真儿的欧几里得

# 公理

"如果我生日能收到一只小狗作为礼物就好了，我已经想好名字了。阿耳戈怎么样，这个名字特别好听。你喜欢吗？"

"真是个好名字！告诉我，你怎么想到这么一个奇怪的名字的？"

"爷爷，你不知道阿耳戈是奥德修斯[①]的狗的名字吗？！当它 20 年之后再见到主人的时候，因为太激动而死掉了，我都感动得快哭了。除了忠诚的阿耳戈之外，谁都没有认出奥德修斯来！"

"是啊，只有阿耳戈和老奶妈尤丽克莱亚认出了他。《伊利亚特》和《奥德赛》里的故事都很棒！"

"我觉得荷马真的很厉害，比所有人都厉害！他的故事都是一流的，比如奥德修斯狡猾地说自己叫'没有人'的那段。但是，爷爷，你觉得奥德修斯真的存在吗？还是这一切都是荷

---

①古希腊神话中的英雄，《奥德赛》的故事主人公。

马编出来的，包括波吕斐摩斯①？"

"亲爱的菲洛，这真是个好问题！我只知道，有个人把过去好多个冬天里，爸爸妈妈围着火堆给小朋友讲的故事很好地写了下来，这个人的名字也许叫作荷马。他的做法刚好跟欧几里得一样。"

"欧几里得？不是那个研究几何的人吗？那个对国王说：'如果你想学习几何，应该像别人一样努力，就算你是国王也一样！努力学习吧！'是那个人对吧？"

"对，就是他。你要知道，欧几里得做的事情大致跟荷马一样，他将那个年代的几何知识收集起来。在他之前其实还有过几个大人物，比如泰勒斯和毕达哥拉斯。但是没有人像他一样，费尽功夫将知道的几何知识整理好并记录下来。他创作了一部伟大的作品，一共有 13 卷。从公元前 300 年开始，成千上万的人利用这套书掌握了几何知识。你想想，它被翻译成了各种语言在全世界流传。直到现在还一直是畅销书！"

"这种整理的方式真不错！我之前也想过把马克在学校讲的笑话都记下来。不然过一段时间，就都记混了……"

"你看，欧几里得并不仅仅把当时的几何知识收集起来，还做了一件非常重要的事情：他把这些知识按照一定的逻辑顺序整理成册。我来好好地给你说明一下。看到我的手表了吗？如果我们把它拆开，就会得到很多混在一起的金属、塑料，还

————————
①希腊神话中吃人的独眼巨人，海神波塞冬的儿子。

有玻璃零件。总而言之，就是所有组装手表的零件都混在一起。但是这样的话，手表就无法工作了。

"只有当这些零件组成一个'系统'的时候，手表才可以工作。系统就是一个协调、组织好的集体。欧几里得对几何就做了一件类似的事情，他创造出了一个可以载入史册的'公理演绎系统'。别害怕，'公理'和'演绎'这两个词，我早晚会解释给你听！"

"那可能真的是一部伟大的作品，13本书还挺多的！在那个年代，书还是用手写的，荷马也才写完了两本……"

"荷马的故事两本书就讲完了，而欧几里得的13本书要解决几乎所有能够遇到的几何问题，就好比一个工具箱。举个例子，你正在建造农庄，想要给它铺地砖，现在可以任意选择正方形、六边形或者八边形的地砖。"

"我喜欢八边形，我要铺八边形的地砖！"

"看吧，这会儿你就需要欧几里得！他说，如果要铺八边形的地砖，就必须在它们中间穿插着铺正方形的地砖。只用八边形的地砖，是没有办法铺满地面的！"

"他是这么说的吗？难道书里还写着要怎么铺地砖吗？我明白为什么他会写出13本书了！"

"不是，不是！这就是欧几里得几何的厉害之处：它可以告诉我们那些欧几里得没有说出来的事。现在，我会用一个很简单的例子来让你明白。我用你的朋友费德里克和乔治来举例。你先告诉我，你知道两个兄弟的儿子叫作堂兄弟，对吧？"

"当然，我有4个堂兄弟，您觉得我会不知道吗？"

"很好，费德里克是米凯勒的儿子，而乔治是安东尼奥的儿子，米凯勒和安东尼奥是兄弟。那我问你：费德里克与乔治是亲戚吗？"

"当然，他们是堂兄弟！"

"答对了！我之前并没有告诉过你，但你也明白了，这是因为你做了一个'推断'：从堂兄弟的定义规则出发，这种规则被数学家称为'公理'；然后根据已知的关于费德里克和乔治的全部信息，你得到了一个新的信息，一条新的定理：费德里克和乔治是堂兄弟！欧几里得几何的'公理演绎系统'的方法与这个很相似，并不需要将每一件事情都讲出来，只要人的脑海中，有可以萌发智慧的种子，以及可用于推导和解决几何问题的想法就够了。"

"那您脑子里，怎么就冒出了不能用八边形地砖的想法？"

"给我纸和笔，我们从一条非常棒的定理开始，它告诉我们一件很简单却很重要的事情，适用于全部可以建立或想象出来的三角形。定理说，如果你将一个三角形的三个角剪下来，并把它们加在一起，就能得到一个平角。你知道吧，一个平角是 180 度，而一个周角是 360 度。

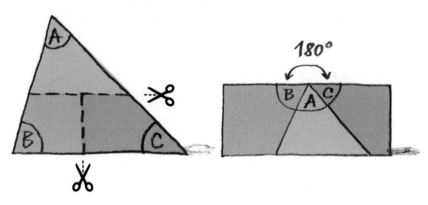

"好，那现在你告诉我，我可以用 8 个三角形组成一个八边形吗？"

"当然，八边形还是八边形，就算有这些线段在里面也一样！"

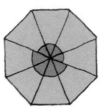

"那么，这8个三角形的角加起来是多少？"

"是8个平角。这太简单了！"

"好的。现在，我们去除两个在中心的平角，就是红色的这些，因为目前它们没有用处。结果就是，八边形的角加起来等于6个平角。那你现在能不能告诉我，八边形的每一个角是多少度呢？"

"等一下，我冒出了一些想法。要求角的总和我用 $180 \times 6$，得到……得多少来着？帮我一下！"

"得到1080，$180 \times 6$ 等于1080。"

"现在，再除以8，八边形角的个数，给我计算器，得到……135度。"

135°

"对。我们推算出，任一正八边形的一个角，不论八边形

大小，都是 135 度。这样的话，如果要铺地砖，我们就要把两个八边形并列靠在一起，这时角的度数是两个 135 度，就是 270 度。现在，要覆盖全部地面，就得是 360 度，而我们只剩下一个 90 度的角。太小了，放不下第三个八边形……"

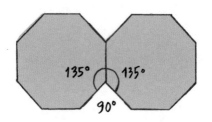

"但是正好可以放下一个正方形！我敢保证，正方形在这里非常合适！"

"没错，这样就证明了，为了完全覆盖地面，不能仅用八边形，期间必须要穿插正方形！

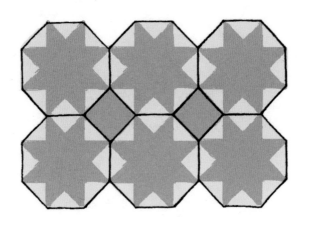

"其实，只有 3 种方法可以只使用一种正多边形铺地砖。实际上，你只能使用三角形、正方形和六边形。要证明这一点，只需要用我们刚才的计算方法就可以。"

"太神奇了！我以为可以随便选，哪知道……"

"哪知道必须要遵守规则！蜜蜂就非常了解这一点！它们建造的蜂巢是正六边形。"

"我知道，我从关于动物的书里读到过，它们特别聪明。

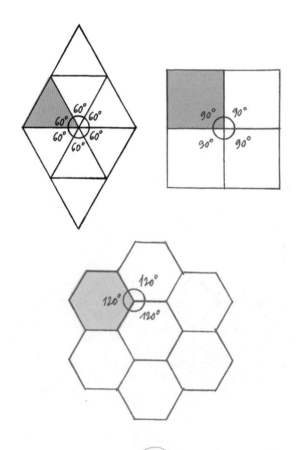

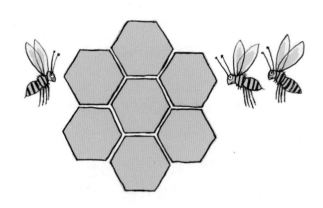

六边形的蜂巢，不光能节省蜂蜡，还能储存更多的蜂蜜。我可喜欢蜂蜜啦！"

"是这样！周长相同的形状，正方形也要给六边形让位；当周长相同时，比起三角形和正方形，六边形的面积更大。只要看一下水分蒸发后的泥地就知道。地上形成了一块一块的六边形，就是因为这个形状可以最大限度地减少裂缝的长度，自然而然也就减小了造成这些裂缝的力量。"

"但是，爷爷，是不是之后还有别的形状也要给六边形让位？"

"亲爱的菲洛，我现在就告诉你：几何图形中，当周长一定时，拥有绝对最大面积的不是六边形，而是圆形。你知道狄多女王的故事吗？"

"我不知道她是谁。另外，圆形是冠军这个说法可说服不了我。"

"圆形的故事，还有狄多女王的故事，以后再讲给你听。现在你告诉我，对我们刚才证明了不能只用八边形地砖铺地，你还满意吗？"

"爷爷，我很清楚地告诉您，我之前一看图就明白了，八边形肯定要跟正方形一起使用。我觉得，这个欧几里得就是一个特别较真儿的人！"

"哎呀，你这个过河拆桥的小朋友！好吧，那你看一下，是不是一眼就知道哪条线段更长？"

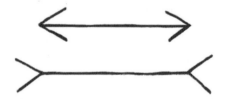

"嗯……我觉得第二条线段更长，但是答案肯定没那么简单。"

"实际上，这两条线段一样长。只是因为视觉误差，看上去才不一样长。所以，永远不要只相信感觉。欧几里得就非常清楚这件事。另外，在他生活的那个年代，希腊有一些哲学家、诡辩学家用一些修辞手法去欺骗别人，还感到十分自豪。他们能够向人们证明一件现实上完全相反的事。这就是为什么，欧几里得想一劳永逸地向所有人揭示真相，一种客观的事实，不管别人是怎么观察、思考的。他确实非常较真儿！"

# 根号二小姐

# 无理数

"我突然有一个特别好的主意！爷爷，您知道我想到了什么吗？我想让毛洛叔叔在他的门铃上写一行非常醒目的字："不懂几何的人禁止按门铃'。当然，邮递员除外。就像那个希腊哲学家一样，在学校大门上刻字的那个。"

"你是说柏拉图吗？"

"对，就像他一样。因为毛洛叔叔家里，不论哪个角落都有几何的影子。进门前他就让我注意看喷泉上面刻的五角星，还跟我解释说那是毕达哥拉斯学派的标志。然后，他让我在花园里围着花坛走一走，还问我知不知道园丁是怎么把花坛修成椭圆形的。他给我解释的时候，我想爬核桃树，他又问我：'你知道树是分形的吗？'我们进屋的时候，有一个很大的球形吊灯挂

在那里，我早就等着他要说些什么，我主动说：'球的体积怎么计算？4/3 π R³！'不过好在他什么都没有问，我还不认识球体，知道的只有那个口诀，因为动画片里的吉罗·吉尔鲁斯总这么说。这还没完！我们坐在壁炉边上时，你猜我看到了什么？放在搁架上的鹦鹉螺，漂亮又精确，旁边放着几个木头做的立方体。于是我马上就要求去上卫生间。"

"是啊，毛洛叔叔是个几何迷，特别推崇自然界里的几何。你知道吗，他小时候在家里摆满了松果、海胆壳、各种各样形状的水晶……总之，都是有规律和对称的东西。"

"我其实是在假装洗手，然后听到他过来，找借口说要给我擦手毛巾。真的只是个借口，因为他马上就问：'告诉我，你喜欢这个卫生间的瓷砖吗？'我看了一下，它们都是正方形的，有白色和绿色，一个图案也没有，但是我还是回答说'喜欢'。然后他又说：'爷爷跟我说，你的数学很棒。那我们就来看看，你能不能在这个卫生间里找到一个非常特别的数字。'

"我看了看周围，没看到任何数字。叔叔一直盯着一个角落。然后我也开始盯着那个角落看。他看的是地面瓷砖跟墙上瓷砖交界的地方，墙上的瓷砖是沿着对角线贴的。我看了看叔叔，又看了看墙角，什么也想不出来。

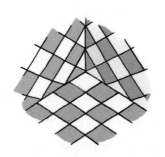

　　"那时候，我其实是打算数一下卫生间的瓷砖的。但是，他感叹道：'你看到了吗？墙上的瓷砖跟地面的瓷砖没有接在一起。可能你觉得这是一件微不足道的事情。但是，正是因为这件事，才造成了一个悲剧。'我吓了一跳，心想，可能因为瓷砖的事他生气了，也许他当初并不想买，于是跟别人吵架了。但是他解释说，那是一件发生在很早以前的事，关于一个毕达哥拉斯学派弟子的死，因为他发现了那些奇怪的数字——无理数。您记得给我讲过吗？我突然有了点信心。之后他让我明白了一件很特别的事。爷爷，您知道吗，就算叔叔家卫生间的墙特别长，长到没有尽头，也不会有一个点让地面上一块瓷砖的端点与墙面一块瓷砖的端点重合！"

　　"对，就是这个发现让毕达哥拉斯派学者非常震惊。他们发现正方形的对角线与边长永远没有公倍数。就是因为缺少一个共同的倍数，才让它们无法重合在一起。看到这个厨房的地板了吗？地砖是边长 30 厘米的正方形，而墙上贴的瓷砖是边长 12 厘米的正方形。那好，30 和 12 的最小公倍数是 60，所以每 60 厘米，瓷砖和地砖的端点就会重合。在那里，看到了吗？"

"我知道 60 是 12 和 30 的最小公倍数。您知道葛拉兹老师是怎么给我们解释最小公倍数的吗？她给我们举了两个旅行推销员的例子，其中的一个每 12 天会路过我们的城市，而另一个是每 30 天。那他们什么时候能相遇呢？每 60 天可以相遇一次。对吧，爷爷？"

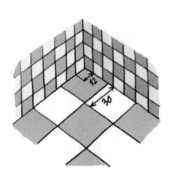

"非常对，没准他们还会一起吃晚饭呢。但是，现在让我们回到毛洛叔叔家的瓷砖上来。就像我说过的，它们之间不存在任何一个公倍数。"

"爷爷，您别夸大了！这世界上的数字太多了，无穷无尽！您想想，如果我们好好找，难道就找不到任何一个直角边和对角线的公倍数吗？"

"不行……事实就是如此。不会有任何一条线段，既是正方形边长的整数倍，又是它对角线的整数倍。因为这边长和对角线是不可通约的：就是不能用其中一个来测量另一个。"

"那毛洛叔叔为什么非要将卫生间墙面的瓷砖，沿着对角线方向贴呢？他为什么就不能正着贴，或者换个别的方式贴？"

"因为毛洛叔叔非常喜欢这种不对齐的瓷砖贴法。这会让他想起那场数学史上的大革命：一种新数字——有理数的发现。每一种新数字的到来，都打开了新的视野，有一片新的待征服的土地，等待着变成我们思维的殖民地。"

"爷爷，是谁告诉您正方形的边长和对角线没有公倍数的？"

"是毕达哥拉斯！当然不是他本人说的，而是他的公理告诉我的。听我说，要找到边长和对角线的公倍数，首先要知道瓷砖对角线的长度，同意吗？我们开始吧！把正方形划分成两个三角形，那么对角线也是两个直角三角形的斜边，这样一来我们就可以使用勾股定理。你来算一算！记住，瓷砖的边长是1分米。"

"很简单，爷爷。我用 $1^2+1^2$ 得到 2。以对角线为边长的正方形面积是 2 平方分米。我现在需要算出这个正方形的边长，就是一个数字乘它本身能够得到 2，对吗？"

"当然。对角线的长度是$\sqrt{2}$分米。但是，从这里开始就出了问题！亲爱的菲洛，不存在任何一个数字，自己跟自己相乘可以得到2。既不存在这样的整数，也不存在这样的分数。"

"等一下，爷爷，我要试一下：$1 \times 1$ 等于 1，$2 \times 2$ 等于 4，然后 $3 \times 3$ 等于 9……您怎么可以肯定，不存在任何一个等于$\sqrt{2}$的分数呢？又不能一个一个全部试一遍！"

"这就是数学的艺术。欧几里得发明了一个十分特殊的方法来证明它，叫作'归谬法'。我用堂兄弟的例子来解释给你听：你的朋友托托没有堂兄弟。当然，我并没有一个一个地去问世界上的其他人是不是他的堂兄弟。而更加简单地用归谬法推理：我们假设托托有堂兄弟，再假设这个堂兄弟是他爸爸的兄弟或者姐妹的儿子。但是这样就很荒谬了，因为托托的父母都是独生子女。这样能说服你吗？"

"这真是个省事的方法。"

"正是这样，欧几里得用归谬法证明了不存在任何的分数 a/b 等于$\sqrt{2}$，这是最棒的数学证明之一。想一下，在几年前，有过一场类似选美的数学证明大赛，而这个证明则排到了前10名的位置。我们可以叫它根号二小姐！最后，在排除了整数和分数后，我们发现了 $\sqrt{2}$ 有无数无法预测的十进制数字。而这个无法用分数形式表达的数字，则被称作'无理数'，也就是它不是分数：

$$\sqrt{2} = 1.41421\cdots\cdots$$

"这就是为什么，如果我们知道边长是 1 分米，永远没有办法知道对角线究竟长多少分米。结果就是，我们永远不可能算出它的倍数。明白了吗，菲洛？"

"我明白为什么毛洛叔叔要把瓷砖沿着对角线贴了！因为任何人进卫生间，他都可以用送毛巾的借口，给他讲根号二小姐的故事。亲爱的爷爷，如果在我的农庄里，我一定会避免这种问题：我会选择彩色的瓷砖，把它们贴得正正的，一点也不歪。然后，为了让客人高兴，我会给他们讲马克的笑话。"

# 聪慧的公主

# 圆周长

"爷爷，那个比多女王是谁啊？"

"比多？是狄多女王！她美丽动人的故事，被古罗马诗人维吉尔写在了《埃涅阿斯记》里。《埃涅阿斯记》是一本诗集，与《奥德赛》很像，你肯定会喜欢。像奥德修斯一样，主角埃涅阿斯在经历了好多好多的冒险后，最后抵达了意大利，定居了下来，并将血脉传给了罗慕路斯和雷穆斯，他们正是罗马的建立者。在一次冒险中，他在北非的海岸登陆了，在那里结识并爱上了狄多。这个狄多是谁呢？她是迦太基城的建立者。很多年以前，这个腓尼基公主从故乡泰尔逃走，来到了这个海岸，并向国王伊阿耳巴斯寻求庇护。不过，其实她要求的更多，她要求给她的人马一块可以定居的土地。伊阿耳巴斯回答说：'我将给你一块能用一张牛皮圈起来的土地。'"

"他真小气！我一点都不喜欢这个伊阿耳巴斯。"

"伊阿耳巴斯很狡猾，他想看看狄多是不是够聪明。而实

际上美丽机智的公主有了一个堪比天才的想法：她把牛皮剪成一缕一缕的细条，再把它们首尾连起来，围成了一个大圆圈。你知道为什么是圆吗？因为圆的面积最大。从此以后，这个圆圈内就诞生了未来的迦太基。你喜欢这个故事吗？"

"那后来埃涅阿斯和狄多结婚了吗？"

"很遗憾他们并没有结婚，不是所有的故事都有好结局。埃涅阿斯离开了狄多，因为他要遵循作为罗马建造者的使命，而美丽又聪慧的女王因为心痛最后自杀了。"

"太可惜了，要是罗马能有个这么聪明的女王就好了。您觉得呢，爷爷？"

"是的，但是你先别难过，我们回到圆的话题上来。就像我之前告诉过你的，这个形状拥有最大的面积和最短的周长。你有没有见过，绵羊在吃完草以后，聚集到一片空地或者一片树荫下？你有没有注意到，那群受了惊的毛茸茸的小家伙，挤在一起形成了一个圆圈？试着猜一下是为什么，再想一想可能会到来的狼。"

"不知道……我觉得这样它们会觉得更安全：如果一只羊孤孤单单的在那里，狼会立即咬住它，而一群羊挤在一起风险小一些。"

"很好！在羊群中发生危险的概率会小一些。但是，为什么偏偏是圆形呢？"

"呃……如果来了一只狼，会立刻咬住一只羊……在外面的一只……爷爷，我明白了！如果它们形成一个圆，外圈的羊就不会有太多，比形成长方形最外圈的羊少很多，因为圆的周长最小！"

"你理解得很对。但是圆也有个很大的缺点，很多人身上也有这个缺点：圆不知道怎么跟其他形状相处。你试试把圆并排放在一起，它们相互碰触的地方就只有一个点，周围还留有很多空隙。所以，不能用圆形瓷砖来铺地。无论如何，想让圆一个个地挨在一起，且之间的空隙最小，最好的方法就是让六个圆围绕在一个圆的外面。"

"当然！不过这样的话，我觉得圆其实是想模仿六边形，因为铺瓷砖的时候六边形是冠军。爷爷，不管怎么样，圆不光是跟同类关系不好，连跟自己的关系也很差。您给我讲过，没有办法找到一个周长与直径准确的倍数。"

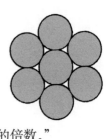

"是的，就像正方形边长与对角线一样，圆的周长与直径的倍数，也是小数点后有无穷无尽的数字。实际上，把直径的长度与周长相比，周长是直径的三倍多一点，但是这个'多一点'却没有办法对应一个准确的数字。"

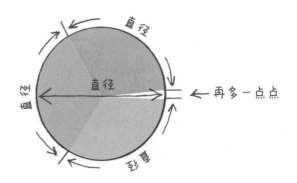

"我知道。是那个被称作'圆周率'的数字，是希腊字母中的 p，写作 π。我记得有一次，阿基米德掉到了两个守卫的陷阱里。得出了一个结论：'亲爱的圆周率，就算我不能抓到你，也要把你困在两个数值之间，这样你就跑不掉了。'"

"你记性真好，阿基米德找到了两个数字守卫：3.1410……和3.1427……这是两个 96 边形的周长，单位是米。这两个多边形分别位于一个直径是 1 米的圆的内外。圆周长处于两个多边形的周长之间，长度不能小于第一个数字，也不能大于第二个数字。有了这个信息，就算在没有准确数值的情况下，也起码可以告诉我们，周长的长度是 3.14……米，所以是直径的 3.14……倍，这里'……'代表的是后面无穷无尽的数字。这样就找到了 π 的'大约值'。如果圆的半径是任意的数值，我们说半径是 r，那么直径就是 2r，而周长的公式就是：

$$C = 2\pi r$$

"爷爷，我们也在用这个公式。阿基米德的办法跟马克一样！今天他无论如何要尝尝堂弟的点心，但是安德烈就是不想理他。于是马克就追着他跑，一直把他逼到了墙角，挡在他面前不让他逃跑，最后安德烈给他尝了一小口……葛拉兹老师最后教训了他们俩，因为安德烈很小气，而马克很霸道。她真是太爱管我们了！反正，我们在学校只用 3.14 来计算周长。π 的其他数字，对我们来说一点也不重要。爷爷，您知道吗？3 月 14 日是世界圆周率日。但不像父亲节、母亲节或狂欢节一样，有礼物、点心或者其他什么……他们发明了这个节日，只是为了让我们这些可怜的学生更加勤奋地学习。"

"应该对宣传数学有点作用吧，因为人们总是忽视它。这样，起码可以让人了解到更多原创的数学想法，比如阿基米德的。"

"爷爷，今天我在全班同学面前出风头了！葛拉兹老师解释怎么计算圆的面积，我就想起您用小桌垫做过的演示……我口袋里有个甘草糖卷，于是就说：'老师，我知道一个办法！如果我把这个卷剪开，就会有好多个小条。把小条一个摞一个，就得到了一个三角形。'葛拉兹老师回答说：'非常好，你给我们演示看看！'然后所有人都围到讲台周围，我拿着刻刀将甘草卷割开，然后把它们拼成了一个三角形。

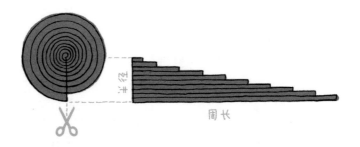

"您应该看看同学们当时看我的表情……他们都很想帮我，但是葛拉兹老师说：'让他自己来。'总之最后大家都明白了，因为三角形的面积是底乘以高除以二，所以圆的面积是周长乘半径除以二。"

"葛拉兹老师是一位真正的老师！因为周长是 $2\pi r$，所以圆形的面积是：

$$S = \pi r^2$$

"爷爷，但是我的甘草卷没有了！演示结束后，连一小条都没剩下……"

"研究科学就需要有所牺牲……这多有成就感啊！比如现在，如果你能证明，相同周长的正方形和圆，圆的面积更大，就可以获得更大的成就感。不需要再依赖谁，自己就可以去证明。你还记得那根长200米的绳子吗？那个你当农民用来圈土地的绳子。你要在长方形和正方形中选择，通过计算，你选了边长为50的正方形……"

"对，我选择了拥有一个面积是2500平方米的正方形。好吧，爷爷，我们来试试把这根绳子围一个圆，看看我圈出来的土地有多少。让我来算一下这个圆的面积，但我不知道这块圆形土地的半径，该怎么算出面积呢？"

"永远要记住：数学家是真正的侦探，利用所有的知识，揪出背后隐藏的真相。"

"等一下，也许我可以。我知道土地的周长是200米，所以我利用公式反推，半径＝周长÷2π。这样，知道半径后，我就可以得到面积了。给我计算器，我算一下……太神奇了！面积是3184平方米。不要正方形了，我要把我的土地建成圆形的！就像聪明又有智慧的狄多一样！"

# 轮子公司

# 生活中的圆形

"爷爷，您听到广播了吗？太神奇了！他们说黑猩猩是我们的近亲。它们的 DNA 与我们只有 2% 的差别。我太为它们高兴了，它们真的很招人喜欢，尤其是互相捉虱子的时候。"

"真的啊，就是这几个百分点，让我们拥有了艺术、文学、哲学、数学、大众科学……没有这 2%，我们就不会在这里讨论正方形、圆形，还有它们的好伙伴了。"

"我们真的很幸运……爷爷，我想过了，在正方形和圆形之间，我选正方形。因为人们使用正方形的面积测量所有的图形：平方厘米、平方米不都是由方形得来的吗？正方形对每个人都很有用，它是最重要的！"

"思考得很好！你让那 2% 开花结果啦！跟其他图形比起来，正方形这一点的确很特别。但是，圆形也很厉害。想想看，对于希腊人来说，圆是最完美的图形。实际上，它是一个无处不在的奇迹，主要存在于自然界中，在很多人造的机械中也很常见。我说的机械，不光指汽车①。实际上，'机械'一词源自于希腊语 mechané，意思是巧妙的组合。希腊人发明的机械装置，为的是让剧院中的观众感到惊奇，让剧情引人入胜。那些最巧妙的装置，比如会喷火的龙、会飞的鸟、暴风雨中乘风破浪的船、从天而降的神明，还有普通的凡人升天，或者被天神劫持……在所有的这些设计中，都有圆的存在—— 一个轮子。而圆形最早的用途，我想应该是制陶工匠的转盘。"

"制陶工匠？做花盆的吗？"

"不是，你想到哪儿去了！制陶工匠在过去是非常重要的手工艺人。正是有了他们，在那时已经懂得农耕和养殖的人

---

①意大利语中，汽车与机械是同一个词。

类，才可以储存和运输生产的大量红酒、油，还有面粉——制陶工匠是制作容器的。在那个年代，没有玻璃或者塑料瓶。你在埃奥利群岛的海洋考古博物馆里已经见过很多双耳瓶了吧？它们都是从沉船的残骸中打捞上来的，而那些船之前因为贸易往来穿梭于地中海。为了制作双耳瓶和罐子，工匠们发明了'陶车'，一个很精巧的旋转台面。用一个纵轴固定住两个圆盘：需要捏制的黏土放在上面的圆盘上，脚则蹬在下面的圆盘上。通过机械装置，将脚下的旋转传递给上面的工作台。在离心力作用下，黏土向外甩，这时就可以用空出来的手给柔软的黏土塑形。多么奇妙的发明啊！你也可以用这个方法轻松画圆……"

"我知道，画的时候，用一条绳子连接两个钉子。我们就是用了这种方法，在学校的花园里建了一个特别圆的花坛。先要把一个钉子钉进地里作为圆心，然后拿着另一个转一圈，线

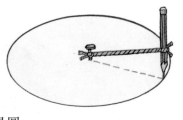

必须要绷得很直，不然圆会画歪的！"

"是的，绳子绷得直，就能保证圆上的所有点——也就是圆周上的所有点，与圆心的距离一致。这是圆的特点。想一想，就是通过观察陶车，人们想到了发明轮子作为运输工具。那时，人们已经知道在运输树干的时候，滚着比拉着更加容易；而难的是，想到在圆中间穿孔并加上轴制成轮子。"

"谁知道呢，爷爷，没准有个制陶工匠因为不满意自己做的瓶子，一脚把陶车踢翻了，然后就看到它滚走了……"

"嗯，不排除这种可能。我曾经看到书上说，运输用的最古老的轮子，是在公元前3500年的美索不达米亚，也就是今天的伊拉克发现的。那片肥沃的土地上诞生了农业：人们在那里找到了最早的非野生小麦种子。起初，轮子还只是仅有一个轴孔的实心圆盘；后来，到了公元前2000年左右，人们为了减轻重量，就把它变成了镂空的、放射状的，就像今天我们看到的一样。"

"爷爷，我对轮胎有着特别的热情，准确地说是对一对轮胎有着特别的热情。您知道我指的是什么，对吗？"

"是自行车！"

"别闹了，是摩托车！如果您帮我说服爸爸妈妈，我还可以时不时把它借给您骑。头盔的话，可以让别人在圣诞节的时候送给您。"

"距离你 14 岁生日还有很长时间呢！现在让我们回到轮子的话题上来。你知道人们可以用一个轮子做多少事情吗？一般来说，大家都会想到汽车的轮子，但其实轮子在其他机械上的应用多到不可思议。如果在轮子上装上叶片，你就可以把它做成水车或风车；如果在圆周上加一个槽，再放上一条绳子，就可以把它变成一个可以抬起重物的滑轮；如果你把两个轮子用一条皮带连起来，它们就变成了皮带轮：其中一个运动，可以带动另外一个；还有，如果你把它们加上锯齿，一个与另一个挨在一起，就形成了齿轮。想想老式手表的那些传动齿轮吧！我有没有给你讲过，阿基米德用一只手抬起一艘船的故事？"

"用一只手？开玩笑吗？他又不是超人！"

"我没有开玩笑。有一次，意大利锡拉库扎的国王希伦让人建造了一艘船，因为太重了，没有办法将它拖下水。于是他叫人请来了著名的同乡——阿基米德，因为阿基米德除了是数学家外，还是一名工程师。他曾经在埃及的亚历山大港学习，他的老师不是别人，正是欧几里得的学生们。那么，阿基米德做了什么？他建造了一组滑轮，类似现代的滑轮车——一个可以设法省力的机械装置。它大致是这样的：

"阿基米德让人捆住了船，很简单地使用了一个手柄，就成功地让船滑动起来，并将它拖入水中。你想象一下那是多么精彩啊！人们欢呼着，一副不敢相信的样子，而国王亲自感谢了他，孩子们都挤在那个装置的周围，想亲眼看一看它……现在还流传着他那时说过的一句非常有名的话：'给我一个支点，我就可以撬动地球。'当然，他的意思是使用杠杆！"

"爷爷，假如阿基米德没有浪费那么多时间来发明对付罗马人的机器，而是用来发明自行车，我觉得他肯定会成功！那么人们从那时开始，就会玩得很开心。您知道吗，山地自行车轮胎的表面特别结实。我骑着它穿过满是岩石、树根、锋利石子的山路，轮胎表面连一条刮痕都没有！爷爷，您年轻的时候，自行车连变速器都没有，那时你们怎么上山啊？"

"亲爱的菲洛，我的腿知道怎么做。你看，自行车的变速器也是一个齿轮应用的例子。它们之间并没有直接接触，而是用链条，将运动传递过去，但实际的原理是一样的。"

"爷爷，给我解释一下怎么才能正确地变速，我不是很明白。虽然郊游的时候我跟马克说：'用这一挡，相信我，是爷爷告诉我的。'他相信我，所以上山的时候总是跟我用一样的挡。但总有一天他会揭穿我的……"

"现在，我给你解释一下两个齿轮的工作原理，这样你就容易弄明白自行车的变速原理了。

"观察一下这两个齿轮：它们分别有 20 个锯齿和 40 个锯齿。如果我摇动手柄，让大齿轮转动一圈，它会通过锯齿带动小齿轮一起转。但是，如果让小齿轮也转动 40 个锯齿，它会转两圈，而不是一圈。"

"那么小齿轮转得就比大的快！"

"当然！它将是大齿轮两倍的

速度。如果小齿轮更小，比如只有 10 个锯齿，那它的速度还会更快，对吧？"

"对！它的速度将是原来大齿轮的 4 倍！"

"那么，小齿轮的速度，取决于它的锯齿数量与驱动轮的锯齿数量的比值——驱动轮就是手柄所在的那个齿轮。它们的比例分别是：

$$\frac{40}{20} \text{ 和 } \frac{40}{10}$$

"让我们回到自行车上来。脚蹬带动了一个环形齿轮，它通过链条，带动了后车轮上固定着的一个小环形齿轮，而小环形齿轮转多少圈，自行车车轮就会转多少圈。当自行车有变速器的时候，由一组环形齿轮取代了一个小环形齿轮，一组里可能会有六七个齿轮。而在变速器选择不同的挡位时，速度自然就会不同。比如，我的自行车在脚蹬处的环形齿轮有 42 个锯齿，小环形齿轮则分别带有 13、15、18、21、23、26 个锯齿。如果我在平地上骑车，想骑快点，可以选择 42/13 的变速比。如果是上坡，那么我就会选择 42/26 的变速比，因为可以少用点力，哪怕是骑得慢一点。而其他的变速比，我会在这两种情况之间使用，明白了吗？"

"明白了，爷爷。我那辆山地车，不光在后面有 7 个小环形齿轮，前面也有 3 个。所以，我总共可以有 3 乘 7，21 种变速比。正因为这样，我总是拿第一名，无论是上坡还是下坡。"

"现在你看到了吧，现实生活中有很多使用到轮子的情况。"

"我觉得如果我们再想一下，肯定还能找到其他的例子。让我想想……啊，想到了，还有飞机和直升机的螺旋桨。但是，爷爷，我们把最漂亮的轮子给忘了，那就是游乐园的摩天轮！"

第 **8** 课

# 可丽饼、三明治和阿尔罕布拉宫的装饰

# 对称图形

"我从来不像马克一样，乱花每周的零用钱。我试着用各种方法存钱，其中的一部分准备留着买狂欢节的小道具，另一部分买糖、巧克力、甘草糖，还有草莓味的口香糖，剩下的买隐形墨水……"

"而马克跟你正好相反……他乱花零用钱，对吧？"

"是的，他喜欢薯片还有爆米花，所以他总在吃那些零食。剩下的零用钱，他都花在买人物模型和贴纸上了。"

"是啊……这是两种完全不同的生活方式。跟我说说，在你们学校举办的义卖会上，你俩是不是都很慷慨？"

"是的！我把所有的钱全花光了，还吃了两个特别好吃的可丽饼。您应该见见那个做可丽饼的男孩。他的招牌是'可丽饼还是可裂饼'。他真的很厉害，把面糊摊在铁板上，瞬间就把饼摊好了，每一张都非常圆。等一小会儿之后，他再往上面涂满果酱。最后特别熟练地把饼对折一次，再对折一次，绝对

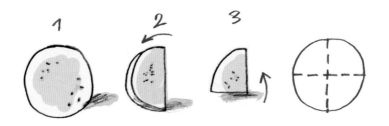

不会出错！”

"我相信，他利用了圆的一个特性。我倒是想看看他对折其他图形，能不能让两边完全重合起来。只有圆，你可以按照任意的直径将它对折，而两边完全重合。实际上，圆的直径就是它的'对称轴'，意思是这条线段把图形分为两半，而这两半刚好可以重合起来。"

"对称轴的意思我知道，葛拉兹老师教过我们一个特殊的方法画蝴蝶：她让我们只画一半蝴蝶，然后把纸对折。就跟变魔术一样，当我们再把纸打开的时候，就出现了一只完整的蝴蝶，它好像随时会从纸上飞走似的！"

"对，蝴蝶如同我们的身体一样，从外表看来，都有一条唯一的对称轴—— 一条纵向的对称轴。"

"但是，爷爷，为什么我们的身体是这样的呢？不光是我们，所有的动物也是，狗啊、猫啊、鸟啊……"

"这是个好问题，亲爱的菲洛。我唯一能想到的是，两只耳朵、两只眼睛、两条胳膊都比只有一个强。通过画蝴蝶，你明白了这样可以省很多事。想想看，假如对称轴有很多条会怎么样……只有圆有无数条对称轴。还有正方形，虽然它也是个非常规则的图形，但是也仅有 4 条对称轴。我有个主意，我们也来做饭吧，但是不做可丽饼，我们来做三明治，找出正方形的对称轴有哪些。你把抽屉里的这些面包都切成两半，然后在中间夹上香肠。试着找一下所有可以切面包片的方法。"

"爷爷，香肠突然让我的大脑灵活起来了，我已经有办法了。我可以竖着切……横着切……这么斜着切……再斜着切。"

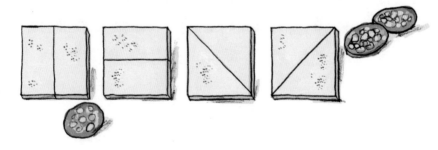

"你说得很有道理，香肠是有魔力的。但是，我可不能总用好吃的给你举对称的例子……有了，另外一个对称的例子是雪花，神奇的雪花。"

"爷爷，雪花真的很神奇！去年在学校的时候，我们到花园里用放大镜观察了雪花。每一片都与众不同，真的！"

"每片雪花都不一样，但同时，都有一个相同的结构，这就是它们有意思的地方，多样性与规律性相辅相成。实际上，你可以看到，雪花的3条对角线也是对称轴，在它们的周围，形成了很多不规则的花纹……"

"爷爷，那最后赢的是圆形，它有无数条对称轴。但是，我为正方形感到抱歉。人们发明它时，没有任何东西可参考。"

"嗯，圆形是对称冠军。你骑车的时候之所以没有觉得颠簸，正是因为圆有无数条对称轴。但是其实正方形也不差，不要小看它的4条对称轴。你来亲眼看看，人们是如何运用它创造对称的。去拿一张正方形卡纸、一根针和一张纸来。"

"我房间里都有。我去去就来，长官！"

"我们沿着对角线把正方形剪开，就得到了两个等腰三角形。在其中一个的中间，就是两条角平分线相交的地方，钻一个洞。现在我们将它平放在一张纸上，用针穿过中心，扎在下面的纸上，直到留下一个印记。然后我们将三角形沿着直角边翻转，再用针扎那个中心，再将三角形沿着另一条直角边翻转，用针扎一下中心；就这样继续下去，直到在下面的纸上形成一个正方形。然后我们将它沿着斜边翻转，再这样形成另一个正方形。重复这样的方法继续翻转、扎洞，直到纸上没有任何空白的地方为止。"

"等一下，爷爷，我来吧。我喜欢给纸扎洞，这样可以吗？"

"很好！假如你有一张无限大的纸，可以一直这样无穷无尽地扎下去。但是现在听好了，注意看会发生什么好事。我们先把卡纸放一边，用铅笔把纸上的这些小孔连起来。猜猜现在出现了什么？"

"爷爷，这简直像变魔术！这是之前用来铺地板的八边形和正方形。"

"没错，有几何存在，就会有不断的惊喜。我来教你怎么做墙纸，装裱你农庄房间的墙壁。当你解决了建筑问题后，就会想要美化这个家，对吗？原始人也是如此。时间长了，人们就会把物品、住宅、庙宇都加上满满的装饰。生活不光是为了面包，

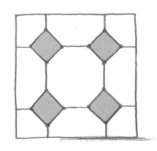

亲爱的菲洛。来，让我们开始工作吧！重新拿起我们的八边形和正方形格子，在它里面画上一些好看的图案。我们可以在八边形里画树，在正方形里画花，或者其他什么，你来选。"

"我也不知道！我更喜欢网球拍和足球……我很喜欢运动！"

"好的，我们开始动手吧：你来画足球，我来画网球拍，最后我们再把网格线全部擦掉。"

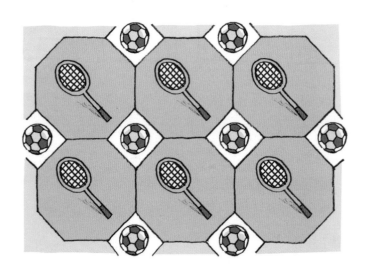

"太让人惊奇了，爷爷，多么整齐漂亮啊！我要给葛拉兹老师看看。"

"想象一下好多卷这样的装饰墙纸。你可以把它们贴在墙上，一张挨着一张，可以亲眼看见它们美丽的对称效果。但你知道什么更令人惊叹吗？更令人惊叹的是，能制造这种对称效果的，除了这种八边形加正方形的网格，就只有另外 16 种不同的网格。你可以任意选择你喜欢的图案画在网格里，但是网格的种类却只有这 17 种。"

"有些人还说 17 是不吉利的数字，您能让我看看别的网格吗？明天我可以带到学校去，和马克一起填上图案。"

"当然有！到我房间里来。我之前的学生画了很多，有些是用电脑画的。看，这两个多好看。

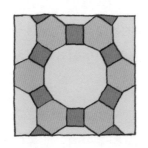 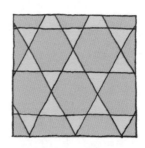

"你和马克可以用扎洞的办法实现这样的效果。可以使用两种卡纸：第一个是等边三角形的一半，第二个是六边形的 1/3。你觉得怎么样？"

"那我们肯定能拿年末大奖！没准葛拉兹老师会让我们拿去给其他班的同学看，没准还会去琳达的班里……"

"现在想象一下，如果把所有 17 种网格都画出来，那得多么精彩啊！再用鲜艳的颜色和图案装饰，把它们铺在墙上和地板上……"

"爷爷，您别头脑发热啦！我们又不能把时间全部用在画画上。"

"我的意思不是让你们画。现实中它们都已经存在了，只要去西班牙格拉纳达的苏丹的宫殿——著名的阿尔罕布拉宫中看一看。早在 14 世纪，伊斯兰的艺术家在装饰宫殿的时候，就已经实现了所有可能对称的网格。你要知道，在阿拉伯宗教艺术中，是不允许出现活物的，所以他们就把想象力全部用在了创造精美的几何图案上。过去，对于一般参观者来说，那些多彩又规律的图形让他们赞叹不已，但只有少数人明白，在这些丰富的图案背后，有着非常严谨的数学规则。直到一名荷兰艺术家的到来，这名艺术家有点痴狂，对于对称图案有着极高的热情。

"这位名叫柯尼利斯·埃舍尔的先生，在妻子的帮助下，把阿尔罕布拉宫所有的不同装饰都复制了一遍，准备带回家慢慢研究。通过很多年的研究学习，他在对称性方面受到了很大的启发，创作出了很多美丽的版画，后来闻名于全世界。通过 10 年的研究，他发现换来换去最后还是只有那 17 种类型，在宫殿装饰中被反复使用。而这就需要数学家的参与了。一个名叫波利亚·哲尔吉的匈牙利人，再次肯定了除去这 17 种之外再没有别的类型存在。终于在 1924 年，人们解开了阿尔罕布拉宫的装饰之谜！"

"爷爷，听你讲，让我非常好奇……"

"我们也应该去一趟西班牙，去欣赏一下它的美……"

"夏天我就想去。爷爷，我们能带上马克吗？跟他一起去特别开心……现在，您帮我在网上查一查阿尔罕布拉宫好吗？"

# 双胞胎、兄弟，还有朋友

# 几何变形

"爷爷，你喜欢这张我和朋友的相片吗？我照得不好，因为马克用脚绊我。但是，我们穿着新队服挺好看，对吧？"

"很好看。妈妈把你们胸前的编号绣得特别好。其他的冠军球员们在哪里呢？"

"全体球员的海报挂在了体操馆里。我们很厉害，已经赢了两场比赛了。去年我们是最后一名，现在不一样了。队服的后面还有为下一场比赛准备的口号：'从最后一名到第一名'，您觉得怎么样？"

"我觉得这个想法非常好！这个男孩是谁？他长得跟马克和他的弟弟很像。"

"是安德烈，他们的堂弟。您注意看，爷爷，马克跟他的两个双胞胎弟弟詹尼和朱利奥特别像。双胞胎简直一模一样。安德烈因为是他们的堂弟，只有一些地方跟他们像：红头发、雀斑，还有鼻子那里有一点点像。而我跟他们只有队服是一样的。"

"队服是一样的，还有很多别的东西也一样，因为你们是好朋友。从双胞胎、兄弟、堂兄弟到朋友，相似的东西越来越少，但还是有共同点。你知道我想起了什么吗？那就是一系列几何图形的变化，在这些变化中，就有类似的情况发生。现在我来给你解释一下，好好听着，这非常有意思。还拿我们最喜欢的正方形来举例。我们把一张卡纸剪成正方形，再把它放在另一张纸上，贴着轮廓描下来。现在，我们把卡纸变一下，把它移开转个角度或者翻转都可以，随便你选。然后，我们再沿着它的轮廓画下来，你觉得画出来的这两个正方形是什么关系？让你联想到了照片中的谁和谁呢？"

"我联想到了双胞胎，它们一模一样！"

"对，它们是一样的。数学家把这种现象叫作'全等'，意思是二者可以完全重叠。最让他们感兴趣的是，这两个正方形形状一致且面积相等。他们不太在意正方形的颜色是不是一样。所以，用'全等'比'一模一样'更合适。我们再拿起这张卡纸，将它平放在灯光下面，现在看一下它在桌面上的影子。你发现什么了？"

"啊……还是一个正方形，但是大了一点！"

"这两个正方形，让你联想到照片中的哪两个人？"

"它们像两兄弟，就像马克和詹尼，或者马克和朱利奥一样。他们很像，但是一个比另一个大一些。"

"数学家把这样的两个图形称作'相似'图形。从一个变化到另一个，图形的形状不变，两个图形的边依然平行，各个角的角度也不变，面积却变了。相似图形非常重要，想一想国家的地图，就算被缩小，区域的形状也必须一致。"

"我知道，老师让我们用地图下面的小数字，计算实际的距离。"

"那些数字表示的是相似图形的比例关系。举个例子，如果比例是 1:1000000，它的意思是地图上的 1 厘米，代表现实中 100 万个 1 厘米。"

"爷爷，100 万个 1 厘米到底等于多少千米？"

"等于 10 千米。所以在这里，1 厘米代表 10 千米。它适用于这张地图上你所指的任意线段，因为比例关系始终是一样的。"

"爷爷，泰勒斯测量金字塔高度的时候，不就是用了两个相似的三角形，让埃及人都惊讶不已吗？他说什么来着？"

"'你们测量金字塔的影子吧，放心，金字塔的高度与它的影子一样。'当他等到木棍的影子与木棍长度一致时，就可以肯定金字塔的高度等于它影子的长度。亲爱的菲洛，人们利用相似原理可以测量很多东西，比如太阳的直径或两颗星星之间的距离。现在，我们再拿起正方形卡纸，将它贴在窗户的玻璃上。观察一下，太阳光照到它的时候，它的影子发生了什么变化。正方形变成了平行四边形：它的四个角不再是直角，但是四条边依然是两两平行。在一天当中，影子的形状会发生变化，但边却依然是平行的。"

"爷爷，正方形跟它的影子有相像的地方，却不是很多。我想到了马克跟他的堂弟安德烈，他们也是只有一点像。"

"没错，他们只有某些地方相似，就像正方形与平行四边形一样。数学家称这种图形为'类似'图形，就是它们还有点亲属关系。总的来说，从一个图形变到它的类似图形，角度发生了变化，而边依然是平行的。"

"爷爷，现在照片中只剩下我跟马克的关系还没找到了。我想看看您能编出个什么图形，拿它跟正方形比较。"

"到你的房间把手电筒拿来，我给你找出与它相像的有趣图形。"

"遵命，长官……看看我多快，转眼就回来了。"

"现在你打开手电筒，拉上窗帘，然后照一下这个正方形……因为照到我们的太阳光是平行光，而灯泡的光跟太阳光不同，影子的形状自然而然也就变了。现在正方形卡纸的影子就变成了一个梯形，只有两条边是平行的。如果我们把卡纸以一个顶点立起来，它的影子就没有一条边是平行的了。这个正方形变成了一个普通的四边形。我亲爱的小孙子，虽然你跟马克相像的地方很少，但还是有些共同点的，毕竟你们是好朋友，对于很多东西的看法是一致的。总之，这两个图形间的联系非常重要。你有没有听过'透视法'？"

"透视法是用来画图的。跟葛拉兹老师一起去博物馆的时候，我们就看到了一些画家，他们绞尽脑汁地想把街道、房

屋、地板画成跟真的一样。"

　　"他们做到了。文艺复兴时候的艺术家，利用精确的几何规则，将三维图像表现在平面画布中，就像你的照片一样。看到地板上的方格了吗？在透视图中，方格变成了梯形，这样就让我们觉得它是有深度的。"

　　"爷爷，我很喜欢古埃及人，但是他们真的一点也不懂透视。您看到他们怎么画人了吗？"

　　"透视法非常重要，要将现实物体表现在透视图中，就需要了解它的规则，需要学习'射影几何'。你知道吗，连现在那些用电脑制作超炫电影特效的技师们，遵守的也是射影几何规则。没有射影几何，就不会有任何电子游戏的存在。没准有些家长会更高兴……"

　　"但是小孩可不会。爷爷，开飞船的感觉实在是太棒了，您也应该试试……"

　　"我相信电子游戏真的很好玩！但可怜的家长们对那些暴力游戏非常担忧，因为它们实在是太真实了，会让玩游戏的人混淆什么是现实，什么是游戏，在真正的暴力前变得反应迟钝……而在其他情况下，虚拟现实是非常有用的。想想那些物理实验，那些辅助工程师或建筑师的程序，飞行员们还可以利用模拟器进行更多的练习……总而言之……"

"总而言之，爷爷，您放心，我会好好学习射影几何的，然后用它做一个特别惊人的电影特效。我已经有主意了，如果马克知道我想制作一部电影，而电影的主角将穿越四维空间，您能想象他会有什么反应吗？"

## 空间中的正方形先生
# 正方体和其他立体图形

"今天，马克刚进教室的时候，就被老师批评了。但是后来下课的时候，老师却跟他道谢。"

"他干了什么特殊的事，让老师前后的变化这么大？"

"他把事情搞得一团糟，反过来却是件好事。昨晚轮到他值日，他没有把涮笔筒里的水倒掉，而是把它放到了窗户外面。今天早上，我们发现水结冰了，而且笔筒的玻璃裂了。"

"肯定的，现在夜里的温度已经降到 0℃ 以下。但我不明白这为什么是件好事。"

"爷爷，水结冰之后体积会变大，这不仅能让玻璃杯炸裂，地球上会出现生命也是因为这一点。葛拉兹老师告诉我们这件事的时候，我惊讶得嘴都闭不上了。这就是为什么她向马克道谢，如果不是马克，她就没有机会跟我们解释这件事。"

"当然，这是一个非常重要的现象。所有物质的体积会随着温度的升高而增大，反过来也会随着温度的降低而减小。你想一下，体温计利用的就是这个原理：当你发烧时，体温计与发热的身体接触，内部的水银柱会膨胀且升高。

"再或者你看一下立交桥就明白了：安装在桥上的混凝土板随着温度的变化伸长或缩短时，可以在桥柱上相对滑动，而不会因为变形损害桥梁的稳定性。"

"爷爷，真的是这样。每次我们从立交桥上过去时，都能听到'咣当''咣当'的声音……原来每次听到'咣当'的时候，就是压过两块板子接缝的时候。"

"就是这样！一般水也是这样：它会随着温度升高而体积膨胀，温度降低而体积缩小。但是，只有在一种情况下，它会发生一个与众不同的现象。当温度从 4℃ 过渡到 0℃ 时，它的体积不会缩小反而会增加。实际上，它的分子为了形成美丽的冰晶，必须以很精确的形式排列，比之前自由排列的时候占用了更多的空间。也正是如此，冰变得比水更轻，还能漂在水面上。这样，冰会形成一个覆盖层，使下面的水不会变冷、结冰。"

"爷爷，您能想象吗，如果结冰，所有的鱼都会死。还有所有的水草、贝壳和浮游生物……"

"菲洛，想一想，假如水没有这种奇特的现象，海里就不会有生命，而陆地上、天空中的生物都来自海洋，这样一来，地球上就不会有任何生命存在。"

"哎呀……好在水做到了。我虽然不喜欢洗澡，但很喜欢水。"

"很好，要懂得尊重水源。"

"爷爷，体积也发挥了作用。但归根结底，体积到底是什么呢？"

"你问了我一个很难的问题。体积到底是什么？一个物体的体积，指的是这个物体所占空间的大小。"

"那么，所有的东西都应该有体积，连一粒沙子和一根头发都会有，不然的话人就变成幽灵了。"

"当然，如果它们没有体积的话，就不会有沙滩或者你好看的发型了。一张纸虽然薄，也会占据一定的空间。"

"我知道怎么量一张纸的厚度！您知道我们是怎么做的吗？这还是马克的主意。我们拿了一本 100 页的书，而这本书的厚度将近 1 厘米。于是我们就知道了，每张纸的厚度是 1 毫米的 1/10。很聪明，对吧？"

"你们做得很棒，很好地绕过了障碍。但是，在日常问题中，为了不让问题变得复杂，我们喜欢把沙子看作没有长、宽、高的一个点，把头发看作只有长度，把一张纸看作只有长和宽。而一个漂亮的立体盒子，我们自然不能忽略长宽高这 3 个尺寸中的任何一个。

沙子

"现在，听好了，古代的几何学家和欧几里得一起研究身边的物体，就像我们一样。他们概括了一下，把图形分成了 3 种：只有一个维度的——线；具有两个维度的——平面图形；还有具有 3 个维度的——立体图形。而我们研究的体积，就属

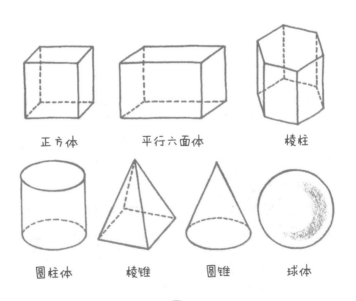

正方体　　　　平行六面体　　　　棱柱

圆柱体　　　棱锥　　　圆锥　　　球体

于最后这一类。当然，在学习体积之前，我们先来学习认识它们的形状，并给每一个形状都起一个名字。它们之中最重要的那些你也认识：正方体、平行六面体、棱柱、圆柱、棱锥、圆锥、球体……"

"没错！这些形状我都认识。我最喜欢的是甜筒冰激凌的圆锥形，还有在球场上跟朋友一起踢的那个球的形状。说实话，爷爷，你是不是没想到我知道得这么多。"

"你个小机灵鬼！不过你忘了，谁才是娱乐界的王子——骰子！这是历史最长的游戏之一。古时候，人们为了省去制作它的功夫，直接用绵羊或者山羊的脚踝骨代替，它们有着跟骰子一样的形状。连神话故事里都有关于骰子的一段，讲到宙斯、波塞冬和哈迪斯，他们就是通过掷骰子来划分世界的。骰子是个立方体，是正方形先生的'胖'表兄。我们可以把它想成一个征服了空间的正方形。它也非常重要。

宙斯与波塞冬

"跟用正方形的面积来测量图形的面积一样，正方体的体积也可以用来测量立体图形的体积。比如，为了得出这个盒子的体积，我们要利用的是一个边长为 1 厘米的小正方体。我们用这种小正方体填满这个盒子，就可以知道它的容量是多少立方厘米，也就是内部的体积是多少了。"

1 立方厘米

"那谁给我们这些小正方体呢？就算真的有了，我们得花多少时间啊？爷爷，您总是提出这么困难的事情……"

"不用担心，欧几里得帮我们省了很多事。实际上，他给我们提供了一条捷径——用一个公式来计算体积。只需要知道 3 个尺寸——长、宽、高就可以。有了这 3 个尺寸和一个公式，我们就可以解决问题了。"

## 体积 = 长 x 宽 x 高

"等一下，爷爷，我来计算这个体积。递给我尺子，这样就可以量出盒子的尺寸：

## 10 x 20 x 30 = 6000 立方厘米

"我们这么轻松就用 6000 个小立方体填满了这个盒子。我没想到公式能这么有用！"

"是的，公式就是金手指。那个用来求立方体体积的公式你记住了吗？"

"边长乘边长乘边长！立方体的体积公式很容易记住。"

"容易？亲爱的，这我可不敢肯定。要知道，有一个关于正方体的问题，几个世纪以来让最聪明的头脑都困惑不已，最后它被证明是无解的。"

"无解？那爱因斯坦尝试过了吗？应该让他也尝试一下解决这个问题，利用他的智慧……"

"不是有没有智慧的问题。相反，要证明一个问题无解，同样需要非凡的智慧。有时候，这个问题看起来非常简单。现

在由你来决定：我们要把一个正方体分解成很多的小正方体，可以使用这些小正方体重新组成两个更小的正方体吗？"

"爷爷，这很简单啊，我可以用乐高试一下！"

"看起来当然很简单！如果我们把三维图形变成二维，用正方形代替正方体，这个问题就能轻松解决了。毕达哥拉斯早就发现了这一点。举例来说，一个边长是 5 的正方形，可以分解为 25 个小正方形，我们可以用它们组成两个小一点的正方形，一个边长是 3，另一个边长是 4。数一数，加起来还是 25 个小正方形吧。

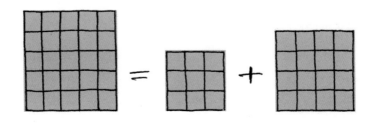

"也就是：

$$5^2 = 3^2 + 4^2$$

"但要注意，不是所有的正方形都可以这样拆分。总之，你可以分解无数个正方形，并重新组成两个小一点的正方形。现在，如果我们以这 3 个正方形为基础，分别建立 3 个对应它们的正方体，那结果就完全不同了。实际上，最大的正方体的体积是 $5^3$ 等于 125，不等于另外两个小正方体的体积之和，而它们的体积分别是 $3^3$ 也就是 27 和 $4^3$ 也就是 64。就算我们再试其他的数字，也一样不会成功。"

"就算我们借助电脑帮忙也一样？"

"是，就算尝试也没有意义，因为你找不到 3 个整数 a、b、c，可以使这个公式成立

$$a^3 = b^3 + c^3$$

"那我去跟葛拉兹老师说，没准我们大家可以一起找……"

"菲洛，我很欣赏你的毅力。但是你要知道，这个问题在上千位数学大师的围攻下，顽强地存在了三个半世纪。我们必须要认命。如果有一个立方体只能保持原样，不能被分解成两个更小的立方体，我想给你讲它的故事，它就像一部小说一样引人入胜。这个故事将两个年代相隔久远的人联系起来，假如他们能够相遇，一定会聚在一起没日没夜地谈天论地，对外界的一切充耳不闻……

"第一个人是一名生活在 17 世纪的法国人，他是一名法官，非常热爱数学，他花了很多时间阅读古代数学家的书籍，思考关于数字的问题。当他读到其中一本名为《算术》的书时，想到了这个关于立方体的问题。他思考后提出了自己的想

法，还用笔和纸作了很多计算。在继续分析之后，最后得出了结论：正方体不能再分解组成另外两个正方体。他变得更加热衷于这个问题，继而提出了更多更难的问题。他问道：'如果将指数由 3 变成 4，或者变成任意一个数字 n，这个等式中的3 个数又会变得如何呢？'"

$$a^n = b^n + c^n$$

"爷爷，如果指数由 3 变成 4，这是哪门子的体积啊？比如 $2^4$ 是什么意思？我们又没有一个四维的立体图形。"

"对，你有理由不理解，也有理由要求作出解释。如果指数由 3 变成了 4，或者其他任何一个更大的整数，我们就不该再去想关于体积的问题了，而是设想另外一种情况。比如，$2^4$ 可以用来计算这棵植物的树枝数量，每一个季节，它的树枝数量都会翻倍，那么 4 个季节之后，它会有多少根树枝呢？它会有 $2 \times 2 \times 2 \times 2$，就是 $2^4$，等于 16。"

"明白了，那我们不要管立方体了，去分解一棵树……"

"于是他又开始分析、计算、思考……终于得出了结论：a、b、c 这 3 个数是不可能存在的。

"然后，他在页面的边缘写道：'我发现了一个关于这个定理非常美妙的证明，但是因为这里的空白太少，没办法把它写下来。'这仿佛是一条无害的思考，一份注定将会被人遗忘的

笔记和一本不会再被人翻阅的书。但是相反，这句话困扰了几代的数学家，使他们无法入睡，徒劳地花费了无数时间想证明这个看起来像是给孩子出的题。

"你要知道，皮埃尔·德·费马先生——就是我们主人公的名字，因为他是名法官，没有必要把他的数学发现汇报给任何人，或者编成学生的课本，再或者自己参加大学竞赛，写成文章出版。跟那些古代的哲学家一样，他不需要从数学中获得任何实用的东西，纯粹是因为喜欢了解它，喜欢利用严密的逻辑证明问题，喜欢解决问题，然后再提出其他问题，而那些问题在最初的时候，可能就是一些简单的直觉。还有，咱们私下里说，可能他还喜欢让那些专业的数学家妒忌。"

"我还觉得他挺讨人喜欢的。"

"事实是，我们必须要感谢他的儿子，有了他，我们才能了解费马在数学领域的所有成就。在费马死后，他的儿子出版了新版本的《算术》，里面包含了 48 个他父亲的'注解'，每一个注解都是一条定理。随着时间的推移，其中的 47 个都得到了证明，最后一个——关于立方体的一直无法被人攻克，就成了非常著名的'费马最后的定理'。"

"爷爷，别停，继续讲。我想知道攻克它的那个人是谁。"

"300 年过去了。另一个人在 1963 年的时候，还是个 10 岁的孩子。"

"10 岁，跟我一样！"

"是的，跟你一样，是个顽固的小家伙。他是英国人，喜欢谜题、难题和数学游戏。他去社区图书馆的时候，偶然遇到了一本生命中最重要的书：一本关于费马最后的定理的书。对这个小男孩来说，这么简单的一个问题，就像立方体的这个问

题，直到那时也没有确切的办法证明它的真实性，他觉得简直太不可思议了。他从老师那里了解到这确实是个非常严肃的问题。之前最聪明的数学家都尝试去证明它，有人穷尽了一生的时间，有人还因此自杀了；同时，人们还设立了各种奖金，来奖励能够解决它的人……

"而唯一的特例就是，当指数是 3 时，有人已经成功证明了。但当指数是其他任意数字时，还是没有人可以证明。我们的英雄名叫安德鲁·怀尔斯，那时，他发现了自己一生的梦想。于是，从此以后的时光，费马最后的定理一直陪伴着他。他攻读了数学系，并获得了学位。之后，他搬到了美国，并在大学里教数学，同时继续学习着前人关于这个问题的所有研究，因为他心中一直有个解不开的疙瘩。

"他与世隔绝了 8 年，在这期间专心致志地投身于梦想，经历了一个又一个快乐、沮丧的时刻，当他误以为自己已经得出结果的时候，又遭遇了痛苦的失望，但他依然没有气馁。1994 年，安德鲁·怀尔斯用世上只有少数人明白的 200 页密密麻麻的公式和推导，终于将那个简单的论述化为计算与推导：当 $n \geq 2$ 时，不存在 3 个整数 $a$、$b$、$c$ 满足 $a^n = b^n + c^n$。6 位专家经过数月的鉴定，检验了证明的正确性。全球科学界都为之骚动，每一个会议都在谈论他，甚至连非专业人士也对这个故事十分感兴趣。1996 年，安德鲁·怀尔斯获得了 5 万美元的奖金。他非常幸福，但谁知道假如能让他与费马聊聊，讨论一下结果，了解一下这位法国天才当初是如何证明的，安德鲁会愿意付出什么。亲爱的菲洛，如果费马没有吹牛，那么他一定通过了另一种方法证明。总之，费马的证明始终是个谜！"

"这个故事太吸引人了，爷爷！你确定其他的 47 个定理都已经被证明了吗？"

"没错，亲爱的菲洛。如果你愿意，还有很多问题等待着像你一样年轻又充满激情的头脑去解决。"

费马 + 安德鲁·怀尔斯

"爷爷，跟我说一个……但要简单一点的。"

"简单的可不好找。你知道什么是'质数'吗？"

"当然，是那些只能被自己和1整除的数字。5、7、11……都是质数。"

"很好！你知道任意一个偶数是两个质数的和吗？这也是一个待证明的定理。"

"等等，我想试一下：6是3+3，10是3+7，16是5+11。哪里难了？只要找例子就好了。"

"难的是'任意'这个词。因为只找一些例子是不够的，这个定理应该适用于每一个偶数！而世上的偶数有无数个。"

"怀尔斯用了多少年来着？幸运的是，我还很小，还有好多时间。"

第 11 课

# 橙子和企鹅

## 立体图形的比较

"小心点，爷爷，您会把它碰掉的！"

"我会离远点的。我可不想惹麻烦。但你要告诉我，这是什么东西？"

"这是香水。我在超市买的，是送给妈妈的生日礼物。现在，我想写一张让她感动的卡片，最好是押韵的……但我什么都想不出来。马克和双胞胎弟弟给他们的妈妈送了一个特别好的躺椅，这样她就能时不时休息一会儿了……您喜欢这瓶香水吗？它的味道很优雅，对吗？"

"是的，非常优雅。"

"是紫罗兰香味的。您是不是觉得它太小了？我可是花光了所有的零用钱……"

"一点也不小，这个瓶子特意被设计成显得很大的样子。"

"我不太明白，爷爷，它到底是大还是小？"

"它的体积很小，但表面积很大。就像所有用来装贵重液体的瓶子一样。你有没有见过那些珍藏酒的酒瓶？它们又细又高。你见过装豌豆的瓶子，或者更有代表性的——装油漆的罐子吗？它们什么样？也是又细又高的吗？"

"不是，那些罐子又粗又矮。"

"正确，亲爱的菲洛，这是关于体积的问题。你拿一张纸给我，咱们玩个猜谜游戏。你告诉我，如果我要做一个圆柱，应该怎么把纸卷起来，才能让它的体积更大呢？是沿着长边卷，还是沿着短边卷？"

"我觉得是一样的，因为纸都是同一张。"

"你确定吗？我可不这么认为，我觉得它们不一样。现在我们怎么办？"

"我也不知道……我们可以试一下，用什么东西装满它们，看看哪个装得更多。"

"很好，你从来都不放弃，我很喜欢这一点，而且这个方法很科学。那么，现在这样做：我们找两张一样的卡纸，一张沿着长边卷起来，另一张沿着短边卷起来，再用胶带将两头粘牢。现在，让我们拿一下秤……"

"我懂了……您知道我怎么做吗？我将它们分别放在秤的两个托盘中，然后给它们里面装点白糖，这样我就能知道哪个更重了。"

"不要急，慢慢来，不然会把糖撒一地，我们俩又要被唠叨了！"

"好奇怪啊，爷爷，它们的重量不一样……沿着短边卷起来的圆柱更沉！"

"亲爱的菲洛，你并不是唯一一个对这件事感到惊讶的人。这是个很古老的问题，又是一个关于容器的问题——过去，容器就是用来装小麦或其他谷物的麻袋。很多世纪以前，这些麻袋的底部是一块木头做的圆片，侧面是用一块长方形的布沿着底面的圆圈用钉子固定住的。在那个年代，布还是手工制成的，就像所有的人类劳动成果一样，要被最大限度地利用起来。这样问题就来了：应该怎么固定这块长方形的布呢？沿着横边还是沿着竖边？"

"沿着横边，我已经用秤称过了！我做得很棒，对吧？"

"非常棒。我敢肯定，你迟早可以通过严谨的公式把它证明出来。现在跟我过来，我们去拿那桶蓝色的油漆，给书桌刷上颜色。然后你会发现一些很有趣的事情。"

"爷爷，我们好久都没有给它刷漆了，我都很小心地避免踢到木头……"

"你的书桌现在好看多了。来，用尺子量一下这个油漆桶的高度。"

"油漆桶高……12 厘米。"

"我愿意跟你打个赌。我敢肯定，它底面的直径也是 12 厘米。不信你试一下！"

"等等……您说得对，量出来的确是 12 厘米。我们没真的打赌，所以您什么都没有赢。但是，您为什么这么肯定？"

"亲爱的菲洛，油漆是按千克卖的，它的生产商可不需要用带有特殊视觉效果的包装来吸引买家。他们的目的只有一个，就是怎么能让包装更省铁皮。而表面积一定时，圆柱的高与底面直径相同，体积最大。这样的圆柱，被称作等边圆柱。"

"这名字真逗……爷爷，我们可以把'体积冠军'的称号交给等边圆柱了。"

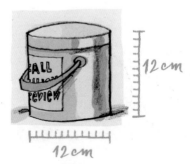

"不，等一下再颁奖！这只是与其他圆柱相比时，这种类型的圆柱体积最大。亲爱的菲洛，在表面积一定时，绝对的体积冠军是美丽的球体。就像在平面中，圆是面积之王，那么在空间中，球体就是体积皇后。看，这个橙子是多么完美。它里面充满了鲜美的橙汁，表皮又最少。这不是开玩笑，大自然在包装问题上从来都不浪费！"

"我很喜欢橙子，也很喜欢樱桃、葡萄、西瓜……"

"看到了吗？这些都是球体。肥皂泡也是用最小的液体表层，包裹住里面的空气。你知道吗，就连动物也会利用球体的形状。你见过企鹅吧，冬天来临之前，它们会长到最胖，脂肪

多到看起来像一个黑白相间的球。

　　"实际上，球体拥有最小的表面积，让它们的身体暴露在严寒中的部分减到最少，这是最适合在那个环境里生存的体态。还有一点就是，因为要在水中生活很长时间，所以它们的体型并不是真正的球形，而是符合流体力学的流线型。"

　　"是的，企鹅在海里游泳的时候美极了。它们就像鱼一样，可以飞快地穿梭在海浪之间。"

　　"说到大海，在纪录片里，沙丁鱼面临捕食者的时候，瞬间就聚集到了一起，形成了一个圆球，你还记得吗？"

　　"爷爷，我明白了。就跟绵羊一样，它们这样做，是为了减少可能被捕食者大白鲨袭击的同伴数量。"

　　"是的，它们选择了球形，一方面假装成一个巨大的生物，想要威吓捕食者；另一方面，就跟绵羊一样，它们想要尽量减少暴露在外面的同伴。"

　　"爷爷，您看到了吗？跟绵羊一样，企鹅们也紧紧地挤在一起，形成一个圆形，不过它们是为了更加暖和。企鹅对待同伴特别友好，它们都是轮流待在最外圈的。"

"是的。所有人都在利用几何法则，你也一样。想一想，天气特别冷的时候，你是不是也会缩在被窝里蜷成一个团。这样做，是为了在寒冷的环境里尽可能地减少体表面积，从而让身体减少散发热量。"

"嗯……我从来都没有想过这个问题。每次缩在被窝里的时候，我都想象自己是只小猫，您呢，爷爷，您把自己想象成什么？"

"不知道，也许是鸡蛋里的小鸡……"

"爷爷，再给我讲些其他的故事吧。"

"我还能给你讲什么呢？其实连植物也在利用球体的形状。有些植物，比如多肉植物，它们长成球形，是为了使表面积最小，这样可以尽量减少水分蒸发，或者减少暴露在寒冷中的部分。"

长生草

"我最近一次到山里去的时候，看见了一棵神奇的长生

草，在几乎 2000 米海拔的地方，它那圆圆的形状，肯定可以保护它免受低温侵害。"

"爷爷，如果我好好想想，球形也有一个跟圆一样的缺点，它们没有办法跟同类待在一起……"

"对！水果店的店员就特别清楚这一点。他们为了让橙子能在柜台上排列整齐，费了多少功夫啊！实际上，橙子并非生来就该被摆在市场上。它们真正的意义，是从树上掉到地上，然后一个个滚得远远的，最后长成一棵棵新的大树。菲洛，你知道吗，给橙子打包是个很重要的问题，这个问题非常古老。事实上，它和人们要把炮弹堆放在船上或武器库里的时候是一样的。"

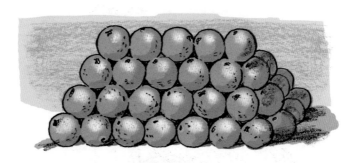

"爷爷，告诉我，我很感兴趣！在我用乐高做的帆船上，就装有 6 枚大炮。"

"在 17 世纪，人们甚至还为这件事向德国数学家约翰尼斯·开普勒请教，开普勒是描述了行星轨道的数学家。开普勒提出的方法，就是水果店店员现在用的方法：将第一层橙子摆成长方形，然后在它们之间的空隙中放第二层橙子，这样就形成了稍微小一点的长方形；继续用同样的方法摆，直到最上层只剩下一个橙子。这应该就是利用空间的最好方式。最近有人将它证明了出来，因为论证特别长，还没有被验证完毕……"

"爷爷，我想试试。咱们去买一箱橙子吧，您觉得怎么样？"

"这不是个坏主意。试过怎么打包橙子之后，咱们再榨两杯富含维生素的美味橙汁，就这么说定了！"

开普勒和
鲜榨橙汁

第 **12** 课

## 天才的弱点

# 体积的计算

"爷爷，您在做什么？"

"我正在修这个旧盒子，你妈妈特别在乎它！我希望在她下班回来的时候，盒子已经修好了。给我讲讲，今天早上你的那些小咒语，在语法小测验上灵验吗？"

"是的，它们很灵，我一个错误都没犯。可惜小测验之后，我像个傻瓜一样上了马克的当。他突然问我：'1千克铁和

1千克稻草哪个更重？'"

"然后你想也没想，就回答：'1千克铁。'"

"我简直太傻了！虽然我立刻就后悔了，但是他已经哈哈大笑了！"

"你被这个问题中的词给迷惑了。其实你想知道的是，当体积一样的时候，是铁重还是稻草重，是不是？当体积一样的时候，比如一立方厘米，每个物体都有自己的重量，这就是物体的'密度'。"

"我想知道的就是这个，虽然之前我没法解释清楚。"

"密度是一个很好的概念。它可以帮助你揭开骗子的真面目，让你了解物体的本质。第一个证实它的效果的，就是希罗国王那个不诚实的金匠。"

"希罗？锡拉库扎的国王？"

"就是他，阿基米德的同乡。你想让我给你讲讲这件事的来龙去脉吗？"

"告诉我吧。没准哪天用得上……"

"希罗是个很好的人，想要一顶美丽的王冠，但他认为宫廷的金匠打的是一顶由合金制成的假王冠，而不是由纯金制成的。但他没办法验证自己的猜测。怎么办呢？如果你是他，会向谁请教？"

"没有人比阿基米德更厉害了！"

"没错，他就是请教了阿基米德。阿基米德是这么推断的：'我去称一下王冠，再去找一块与它重量一致的黄金。如果王冠是纯金制成的，那么黄金的体积应该与王冠一样——因为同一种物质的密度相同，如果重量相同，体积也该相同。'"

"但是，王冠有那么多装饰花纹，阿基米德是怎么测出它的体积的呢？又没有一个专门的公式。"

"阿基米德就是阿基米德！他拿了王冠，把它放在一个装了水的容器里，然后……"

"我知道了，然后他量了一下水面上升了多少！天才！"

"没错，他的确可以这样做。但是，因为王冠和金块的体积差别实在是太小了，用这种方法无法测量出它们的差别。实际上阿基米德使用了一架天平，他把王冠和金块分别挂在天平的两端。因为两者重量一样，所以天平没有向任何一边倾斜。

"于是，他把这两样东西都浸在了水中。这样做会发生什么呢？天平挂着王冠的那一端向上倾斜了。

"这就意味着，王冠排开的水量比金块排开的大。一个浸在液体中的物体，受到的水向上的浮力，等于它排开水的重

量。这就是著名的阿基米德原理。"

"我知道！发现这一点的时候，阿基米德正在浴缸里洗澡，他想都没想，光着身子就冲了出去，还一边喊着：'尤里卡！尤里卡！'意思是：'我找到了！我找到了！'人们都笑了！葛拉兹老师给我们讲过这个故事。"

"亲爱的菲洛，因为证明出了王冠对应的水与金块对应的水体积不同，阿基米德宣布王冠里必定含有与金子不一样的材料。"

"金匠肯定被关起来了，这是他应得的。谁知道阿基米德和爱因斯坦谁更聪明？爱因斯坦的海报我已经有了……把东西放到水里去测它们的体积，这个主意我太喜欢了。当我泡在浴缸里的时候，我也能知道自己的体积。"

"但是可惜的是，不是所有的东西都可以被放到水里去。正因为如此，阿基米德决定找到不同形状的体积公式，像圆柱、圆锥、球体……"

"我只知道正方体的体积，还有平行六面体的……"

"圆柱的体积公式很简单，与平行六面体的很像：底面积乘高。为了让你心服口服，只要把水灌满这个圆柱形的瓶子你就能明白。注意看水是如何灌满瓶子的。

"水先在瓶子底部形成薄薄的一层，然后又是一层，之后再加一层……直到水跟瓶子同高。总之，就是用很多与底面相同的层面，乘瓶子的高度。而你已经知道了，圆的面积是 $\pi r^2$，高是 h，所以圆柱的体积是：

$$V = \pi r^2 h$$

"而等边圆柱的高是半径的 2 倍，所以公式变成：

$$V = \pi r^2 h$$
$$V = 2\pi r^3$$

"嗯……不是特别难。"

"亲爱的菲洛，现在到了有意思的地方！阿基米德有了一个自己特别满意的发现。在直觉的帮助下，经过很多次的实验和排水量的测算，他发现，在等边圆柱内部、与它有着相同半径的球体，它的体积是等边圆柱的 2/3。

阿基米德

"你明白了吗？这意味着，他找到了球体体积的公式。只要拿等边圆柱的体积乘 2/3，就是：

$$V = \frac{2}{3} \times 2\pi r^3 = \frac{4}{3}\pi r^3$$

"现在我明白公式的意思了！球体的体积是什么？球体的体积是 $4/3\pi r^3$！阿基米德实在是太厉害了！"

"这个公式真的太棒了，阿基米德自己也这么觉得。他真的特别自豪，以至于想让别人在他的墓碑上雕刻一个套在圆柱里的球体。

"西塞罗就是想利用这个小细节寻找他的坟墓。那是在公元前 75 年，当时西塞罗担任西西里的财政官。那些坏心肠的人说，这是唯一一个'罗马人的数学发现'。西塞罗很想修复阿基米德的墓，但始终没有任何相关消息……"

"太可惜了！如果我长大成了考古学家，一定会去锡拉库扎找到阿基米德的墓！没准还能找到他的一些战争机器……"

"亲爱的菲洛，他的战争机器是罗马人有史以来最珍贵的战利品。马尔切罗将军想把它们全部占为己有，所以，我很怀疑你还能不能找到它的任何碎片。但要是你能找到阿基米德的坟墓，那将会是一件多么令人激动的事啊！现在，再让我们回到球体和它的体积的问题上来。知道公式却不用它，就像是会读乐谱却从来不演奏音乐一样，会失去最美好的东西。我想给你举个实际的例子，让你能够好好地体会它。这个例子，跟我送给你妈妈的一套沙拉碗有关。

"这里一共有 8 个小碗和 1 个大碗，全部是半球形。在商店里看到它们的时候，我发现大碗的直径是小碗直径的 2 倍，于是就没忍住，把它们买了下来。亲爱的菲洛，这套碗本身就代表了这个公式！"

"但是为什么是 2 倍？要装下 8 个小碗里的水果沙拉，我认为大碗的直径应该比 2 倍大很多才对。"

"亲爱的菲洛，设计这套碗的设计师几何学得非常好。在球体或半球体中，如果直径变成了 2 倍，体积则变成原来的 8 倍，是体积公式告诉了我们这一点。正是因为在公式里出现了半径的立方，如果半径的数值从 1 变到 2，那么计算体积时是 $2^3$，等于 8，而之前是 $1^3$，等于 1。这就是为什么大碗里装的水果沙拉，正好能装满 8 个小碗。你相信了吗？"

"是的，您说服我了。在您修好妈妈的盒子前，我要用水试一下：用 8 个小碗给大碗装满水。您得快点修好，这样我们等会儿就可以出门了。但是，爷爷，妈妈不会已经买了个新盒子吧？"

"不会的……这两个可不是一回事！亲爱的小伙子，我们都有自己的弱点，你和你的小咒语，希罗国王和他的金冠，我和我的那些半圆形的碗……而你妈妈也有，就是这个装满了回忆的盒子。这里面甚至有你的第一颗牙齿！"

"爷爷，如果好好想想，阿基米德也有他的弱点……我觉得他有点自大。不然的话，他干吗想在坟墓上雕刻那些图案？就跟马克一样。在他赢了学校的小型足球赛后，之后的整整一周，他一直都把奖杯摆在书桌上。"

## 神奇五侠

# 正多面体

"菲洛，你怎么了，怎么噘着嘴？因为什么事不开心？"

"我很生气，特别生气，再也不想跟马克玩了。"

"为什么？他可是你最好的朋友。"

"我不要他当我朋友了。"

"看来事情真的很严重……"

"特别严重，爷爷。我再也不想见他了！"

"这个很难啊，因为你们在同一个班里。他让你这么生气，肯定是做了什么不好的事情。"

"他做了件很不好的事情。"

"我看出来了，他肯定做了什么出格的事情……"

"踢球我是第一个到的，不光带了球，还带了零食和果汁……他呢，总是这样……"

"总是哪样？"

　　"他和楼里的朋友们一起迟到了……然后他跟安德烈两个人分别当了队长……我再也不想踢球了。"

　　"你越想越生气。"

　　"他太不仗义了。组队的时候，每次他都选自己楼里的人，我一直在跟他使眼色，让他记得选我，但他没有。直到最后，就剩我跟另外一个人的时候，他选了谁？他选了另一个！后来我到了安德烈的队里。我特别难过，一个球都没踢进，踢得特别烂！"

　　"现在别哭……你有理由很难过，但是，你也知道马克是什么样的人。在足球面前，他什么都顾不上……"

　　"他想的只有赢，根本不考虑别人的感受……"

　　"我们要不要来一杯很好喝的热巧克力？现在正好是下午茶时间。"

"不，我什么都不要……我不饿。"

"那我给你讲讲今天发生在我身上的一件好事吧，好好听着，这样你能分散一下注意力。很多年以前，我还在教书的时候，一个学生送了我一个小袋子，里面有 5 个很奇怪的红色骰子。他是在复活节彩蛋里找到的，因为骰子是 5 个规则的正多面体，他就希望把它们送给几何老师。我非常喜欢这个礼物，每次我要解释正多面体的时候，都会用到那 5 个骰子。不光是因为这个原因我才喜欢那个小袋子，我还十分喜欢看那些漂亮的形状，它们是那么规则，那么完美……总之，它们一直都在我的书桌上。但是，不知道发生了什么，突然有一天，那个小袋子失踪了。我时不时就会找一找，但是一直都没找到，也实在是不记得到底把它放哪儿了。突然间，今天它出现了。"

"它藏到哪儿去了？"

"它一直都在桌子里面。为了能更好地保存它，我把它跟曲别针还有其他一些小玩意，一起放到了一个小盒子里，然后就彻底把这件事给忘了。"

"但是，你从来都没有给我看过……我都不认识这些正多面体。"

"那时你还太小了，我怕你会把它们吞下去。后来你长大了，可它们也失踪了……但是，现在让我来弥补你，我去把它们拿过来。"

四面体　　八面体　　二十面体　　六面体　　十二面体

"它们很漂亮，是不是？从前，它们每个面上都有数字，用着用着，数字就褪色了。"

"真的很好看，你能把它们送给我吗？"

"没问题，它们是你的了。这样，它们就再也不会丢了……但是首先，如果你愿意，我先介绍一下它们。你先摸一下，然后前后左右转着观察一下……"

"我明白为什么它们被叫作'正'多面体了……它们很完美。我明白为什么你把它们当作幸运骰子了。"

"是的，它们每个面都是同一种形状，另外，你再好好观察，它们每个面的每条边都一样长。看这儿，前三个图形的截面都是等边三角形……"

"等一下，爷爷，我想数一下它们有多少个面。这个有4个，这个有8个，然后另外这个有好多……它到底有多少个面啊？"

"它有20个面，叫作'二十面体'；有4个面的叫作'四面体'；那个有8个面的，叫作'八面体'。"

"好奇怪的名字。"

"然后还有正方体，它有6个正方形面，也被称作'六面体’；最后一个，它的面是个五边形，被称作‘十二面体’，因为它有 12 个面。”

“爷爷，三角形、正方形和五边形都已经没问题了，它们都被很好地安置在了这些立体图形中，都在空间中执行着任务呢！现在，我们来做一个以六边形为面的立体图形吧。您跟我一起做好吗？我去拿卡纸和剪刀。”

“菲洛，等一下，你往哪儿跑？我们什么都做不出来！”

“为什么不行？我还有胶水呢！”

“亲爱的菲洛，因为除了这 5 种之外，不存在任何其他的正多面体！”

“爷爷，您在开玩笑吗？谁能阻止我们剪好多六边形，再把它们组合到一起？”

“几何会阻止我们这么做。因为它的规则非常严格。如果我把 3 个六边形组合在一起……”

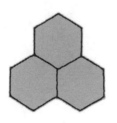

“很完美啊，爷爷。它们形成了一个 360° 的角，也形成了一个平面……”

“你说得对。要形成一个立体图形，我们必须让它从平面中立起来。不能有 360° 的角存在，而是必须小于它。在一个顶点汇合的所有角的总和，必须小于 360°。只有这样，这个顶点才不会贴在平面上。从另一方面来说，我们没有办法去掉一个六边形，因为没办法只用剩下的两个建立一个立体图形……"

"爷爷，您说得对。两个六边形什么都做不了……"

"所以，可能的情况只有这 5 种。伟大的欧几里得在他的作品结尾作了证明。我给你简单概括一下：如果你使用等边三角形建立一个立体图形，可以汇合在顶点的面，就只能有 3 个、4 个或者 5 个；如果你使用正方形或五边形，就只能有 3 个面在一个顶点处汇合。再没有其他的情况了。"

"我明白你为什么这么喜欢这些红色的骰子了，因为它们太稀有了……"

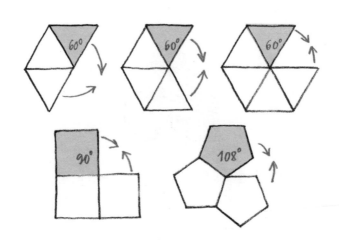

"是的！它们是真正的数学界的明星。它们的魅力征服了科学家和哲学家，被称作'柏拉图立体'，这个名字源自伟大的希腊哲学家柏拉图。"

"柏拉图？就是那个特别喜欢几何的？"

"对，就是他。像很多他之前的思想家一样，柏拉图也想找出事物深层的本质。于是，他问道：'形成宇宙的物质有什么共同点？'"

"共同点就是原子，爷爷，这太简单了！连小孩子都知道。所有的事物都是由原子组成的。"

"在有人发现了真相之后，当然很容易说'这太简单了'……柏拉图和其他那些人的功劳在于提出了正确的问题。他的回答是这样的：所有的事物都由4种基本元素构成——土、气、火和水。而且所有的一切都是由几何规则支配的。而这些元素，必须对应着最规则、最完美的事物：正六面体、正八面体、正四面体和正二十面体。而正十二面体，柏拉图认为它对应着整个宇宙。今天，这个理论可能让我们觉得很好笑，但它还是蕴含着某些真理的。实际上，从1600年开始，就出现了一门新的科学——晶体学，它发现了大多数固体，特别是矿物，都具有对称、规则的结构，类似于那5种柏拉图立体。"

"爷爷，这个我知道。我的水晶漂亮极了，还有那个亮晶晶的黑色磁铁矿石。它的形状正好就是八面体，就像两个金字塔底对底组合在一起……"

"但我指的不光是外表，它们的内部构造也都是几何图形。这听起来可能会让人觉得很奇怪，但正是物质基本粒子的排列方式，决定了自身的性质。想一下，漆黑易碎的石墨和透明坚硬的钻石，这两种差别很大的物质，其实都是由碳组成的。

"它们根本的不同，仅仅是因为碳原子聚合时的排列方式不同。你知道钻石的结构是什么吗？是立方体形状的晶体。跟做饭用的盐形状一样。拿你的放大镜来，看看我们能在盐粒里面找到多少立方体。"

"爷爷，那正方形就不是人类发明的了！他们肯定是看到了这些立方体其中的一个面……"

"也许是住在海边的人看到了海里的盐粒，得到了灵感……谁知道呢。但我必须承认一件事，我很倾向于认为，是我们人类创造了正方形。"

"所以，柏拉图说得很有道理，我们的周围都是几何图形……"

"但是，不是所有的物质都是晶体，橡胶、一些塑料、玻璃都是非晶体，没有一个固定的形状。据我所知，病毒也是晶体。而电脑的晶体，也被人造硅晶体取代。还有液体晶体，是一些一半是液体一半是固体的物质，分子的排列非常有序，它们中的一些可以根据温度改变颜色，用于医疗诊断；其他一些可以用来传播光线，用在查看图像的设备中。"

"是的，我手表的显示器就是液晶的，平时我都会非常小心。"

"连你的足球也是从一个正多面体发展而来的。"

"不可能，爷爷，足球是个球体。等等，让我想一下……它是由六边形和五边形组成的。"

"没错。六边形和五边形的面在内部空气压力的作用下形成了弧度。但是实际上，足球的基本形状是一个正二十面体，然后我们把它所有的顶点都截掉了。"

"真有意思！"

"建筑师富勒从足球的结构出发，把那些六边形和五边形都划分成三角形，终于发明了伟大的网格穹顶建筑。这个结构里面一根支撑梁都没有。因为这个发明，他启发其他科学家获得了诺贝尔奖，相当厉害。"

"太有意思了……爷爷，您觉得马克知道这个关于足球结构的故事吗？"

# 第14课

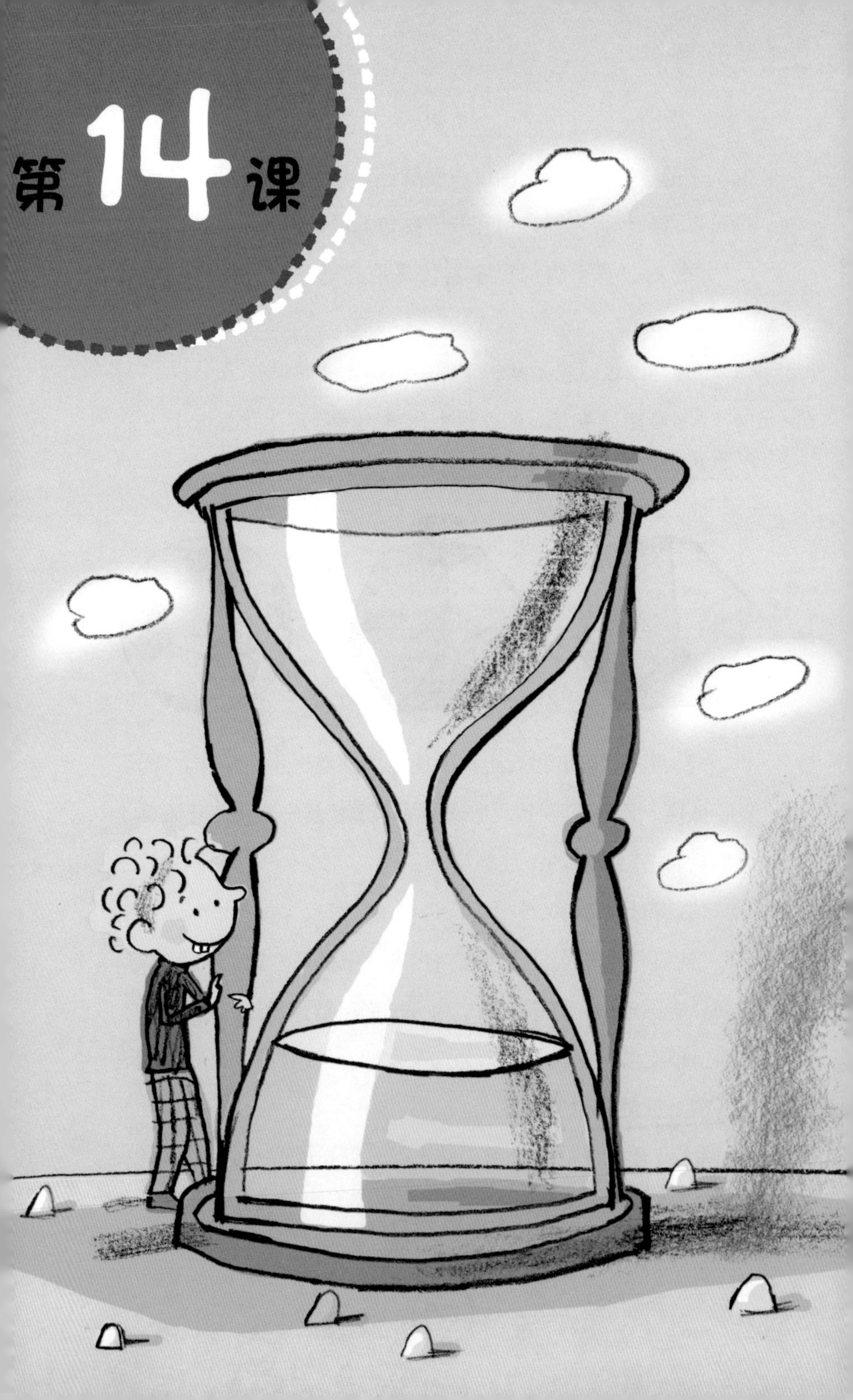

## 镜子、行星和彗星

# 抛物线、椭圆、双曲线

"爷爷，快来这里！有件事特别紧急。"

"干吗这么急！你又跟我开什么玩笑呢？是着火了吗？"

"别担心，爷爷，这只是烟而已。我在学校课间的时候已经试过了。纸不会点着，但是您看到了吗？只要放大镜和一点阳光，就可以把纸烧个洞，或者在上面烙上痕迹。您喜欢佐罗的标志'Z'吗？

"明天我想跟马克和解，我准备请他过来，再组织一场海战……当然是用纸船打了，我肯定会赢的。爷爷，您说得很对，了解历史真的十分重要。我从阿基米德那受到了启发，他制造机器对抗罗马人的时候，烧掉了他们的船。"

"你选了个不错的榜样……但是，你要记住，不是他发起的战争。他发明机器，只是为了抵御敌人的围攻。"

"爷爷，给我讲讲，要想点着罗马人的船，用的放大镜肯定巨大无比吧。"

"不是放大镜，那会儿人们还没有发明放大镜。而是抛物面镜——一个凸面镜，有着很特殊的曲度。跟现在汽车车灯的曲面一样。给我一支铅笔，我来画个图更好地说明一下。如果我们把抛物面镜或者车灯截掉一半，得到的剖面是一条曲线，就像下面这个一样，它叫作'抛物线'。"

"这不是我们看电视用到的那个东西吗，装在屋顶上的？"

"'那个东西'叫作'抛物面天线'。它跟阿基米德点火用的镜子或者车灯，都是同一类型的曲面，具有一个很特殊的性质。仔细听，你马上就能明白。现在想象你有一块金属薄片，按照我画的这条抛物线让它弯曲；然后，我们想办法让太阳光照射到这块金属片上。因为它特殊的曲度，会让太阳光汇聚到一个点上；因为汇聚的阳光强度很高，所有的物体在那个点上都会受热过度甚至烧焦，所以我们把那个点叫作'抛物线的焦点'。

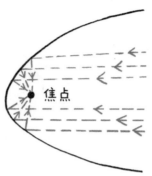

"当然，阿基米德的镜面，不是一块简单的金属薄片，而是一个完整的抛物面。"

"我懂了。锡拉库扎人将镜子对准罗马人的船，然后等到船行驶到焦点上……可怜的罗马士兵们。我可以想象那个景象：他们在大海中央，很自信地认为周围没有任何敌人，然后突然间，木头开始发热，吱吱地响，然后开始冒烟，直到窜起高高的火苗……"

"可怜的人们，除了认为是天神发怒，他们找不到任何其他的解释。"

"爷爷，您知道吗，对于古代的人来说，连闪电都是因为朱庇特发怒导致的。可怜的人，连一场暴风雨都会让他们去想是不是自己做错了什么，没准还会因此吵起来：'都是你

的错！''不对，是你的错！'幸运的是，后来人们发现了科学……但是，爷爷，您觉得为什么罗马人一定要不顾一切地毁掉锡拉库扎呢？"

"因为锡拉库扎与罗马的死敌迦太基是盟友。"

"爷爷，想想看，罗马与迦太基最早是由两个相爱的人建立的，最后却变成了敌人……多可惜啊！那车灯呢？车灯跟抛物面镜有什么关系？"

"车灯的原理也一样，不过镜面的用法刚好相反。光源，就是灯泡，正好位于焦点的位置，而光的线路正好与太阳光相反：光线会照射在反光的表面，通过反射，形成一束朝前的平行光。这样，就可以照亮前方的道路，哪怕是很远的地方，也不会因为分散减弱光的强度。反过来，抛物面天线与抛物面镜的原理是一样的，唯一的区别就是，它反射的不是光而是无线电波。还有太阳灶，也是利用抛物面的特点，使得太阳能在焦点处形成很高的温度。一条简单的曲线，有多少种用途啊！还有，只要你向空中扔一件东西，随时都能看到这条曲线。东西会沿着一条抛物线的轨迹，掉落在地上，这是伽利略发现的。"

"是的，爷爷。我踢球的时候，看到球先上升，升到最高处，再沿着曲线下降。"

"现在我给你一个建议：如果你想将球踢得最远，应该朝45度的角度踢，刚好是90度的一半！相信我，这是抛物线的一个特性。"

"我明白了！这就是为什么英式橄榄球球员在发球的时候，把球放在一个倾斜45度的小支架上。"

"是的……如果你仔细想想，还有足球的守门员，当他要作一个长传，把球踢到另一个半场的时候，都是沿着45度角的轨迹踢。"

"爷爷您太厉害了！谢谢您的建议。我敢打赌，马克肯定不知道……"

"对了，你是不是有一个沙漏？"

"是的，是爸爸送给我的，让我用它来计算刷牙的时间。真是太夸张了！他跟我说，我应该足足刷够两分钟，就是沙漏里的沙子全漏完的时间。我用不了两秒钟就已经刷完了。您为什么问我沙漏的事？"

"把它拿过来。我想给你展示一个特别有意思的图形。但是小心点，别摔了！"

"那可就糟糕了……要是没有沙漏，我的牙齿就太可怜了！"

"现在看这里，好好观察一下沙子的边缘。想象一下，假如没有时间的限制，沙子就可以一直这样漏下去。

"看到了吗？靠着沙漏的内壁，沙子的表面形成了一条抛物线。"

"好玩……让我试试。爷爷，如果把沙漏摆正了，沙子表面就会形成一个圆；如果倾斜沙漏，就形成了一个扁扁的圆。"

"非常好！这个扁圆被称作'椭圆'，是另一个特别重要的形状。想一下，所有行星还有卫星，都是绕着椭圆形的轨道在运动。在1600年，开普勒就发现了这件事，之后很快，艾萨克·牛顿就解释了其中的原因。太阳系也是如此，它沿着一个椭圆形的轨道，围绕着银河系中心在运动。现在我来教你，怎么简单地画出椭圆。这样下次，当毛洛叔叔问你，有关他椭圆形花坛的问题时，你就让他瞧瞧你的本事。现在，我们要拿一块木板作为台面，比如厨房的菜板，还需要一张纸、两个钉子、一根细绳和一支铅笔。"

"爷爷，这些我都能找来，不用担心！"

"我知道，每次做手工的时候，你都特别积极。我把绳子的两端固定在两个钉子上，再将这两个钉子钉在木板上。现在，只要将绳子绷直，然后用铅笔在纸上画出形状。看到了吗？这样就画出了椭圆。

"我们用钉子固定的两个点，是这个图形十分特殊的两个点，它们叫作'椭圆的焦点'。你知道为什么吗？如果我们把前面提到的那块金属片，围绕在椭圆的周围，然后在其中的一个焦点上发出一束光线，这束光打在金属片上，反射后一定会通过另一个焦点。"

"爷爷，那第二道反射光线，也会打到金属片上，再返回第一个焦点……"

"你理解得非常正确。让我们设想有一个椭圆形的台球桌，然后在其中的一个焦点上放一个球，这样就变得更清楚了。我们可以向任一方向击这个球，球会撞到台球桌的边缘，然后反弹通过第二个焦点，之后再次撞到边缘，反弹并通过第一个焦点。总之，它每一次反弹，都会通过一个焦点，再次反弹则会通过另一个焦点。"

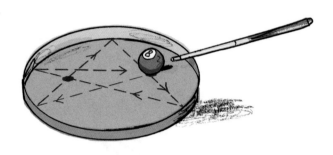

"爷爷，这不就是永动机吗……我们终于把它发明出来了！"

"冷静一下！要是这么简单就好了。你忘记计算摩擦力了，它会让台球的能量一点点减弱，最后停下来。"

"摩擦力总是在中间捣乱……我从书里看过，假如没有摩擦力，我们就能免费旅行了，只要在刚开始的时候轻轻推一下交通工具就行。"

"但是你会遇到其他的问题，车肯定没有办法停下来，而且你会连牙膏的盖子都拧不开！说回来，在椭圆形的环境下，可能发生一些特别有趣的事情：如果两个人分别站在椭圆焦点的位置，即使周围的人很多很吵，他们低声说话，双方都能听得很清楚。这就是所谓的'回音壁'。比如，在罗马的拉特朗圣若望大殿就有一个，还有一个，如果我没记错的话，在美国的国会大厦里。"

"真有意思……都可以拍个间谍片了！"

"亲爱的菲洛，椭圆焦点的最重要特性是，在行星的轨道上，太阳就位于其中一个焦点上……我们永远都不要忘记这一点。"

"爷爷，要是能在学校的花园里建一个椭圆形的花坛，那该有多好啊！没准其中的一个焦点，就是小路灯所在的位置！"

"如果老师同意的话，我觉得是个很好的主意。你们可以按照喜欢的方式，随意处理另一个焦点。但是，要记住一件事：两个焦点之间的距离，永远小于绳子的长度，这一点显而易见。还有，两个焦点越近，椭圆就越接近一个圆；而当两个焦点重合时，椭圆就变成了圆。"

"真的是这样！所以椭圆和圆基本上可以算是亲戚！"

"是的，这个定义非常好，椭圆与抛物线也是亲戚。想象一下，如果把两个焦点向两边无限远地拉开，会得到什么？你会得到非常近似抛物线的半个椭圆。再递给我沙漏，我想让你见见曲线的另一个亲戚。如果我把沙漏水平放倒，就得到了一个由两条曲线组成的曲线，这就叫作'双曲线'。

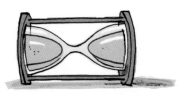

　　"举个例子，风把雪吹到墙角，雪堆积起来的形状，就是其中一条双曲线！还有，一个带有圆柱形灯罩的落地灯，它的灯光打在墙上的轮廓线，也是一条双曲线。

　　"你想想，所有的这些曲线——圆、椭圆、抛物线，还有双曲线，都已经被古希腊人研究过了。它们被称为'圆锥曲线'，因为可以通过切开圆锥得到这些曲线，就跟沙漏中的那些曲线一样。"

　　"爷爷，如果古希腊人看到今天我们在学习他们发明的东西，会是什么表情呢……我觉得他们肯定会很开心，感到很自豪。"

　　"是自豪和惊奇，亲爱的菲洛！特别是阿波罗尼奥斯——

一个伟大的几何学家，他跟阿基米德属于同一个时代，写了一套 8 本关于圆锥曲线的书。他一定会非常惊奇，因为他根本不会想到，是圆锥曲线在控制行星和恒星的运动。如果他知道一个彗星只有 3 种可能的轨道，一定会惊讶得合不上嘴。这 3 种轨道是：椭圆形轨道，表示它每隔一段时间就会回到我们这里来；如果是抛物线或者双曲线轨道，那么它就会永远消失在宇宙中了。"

"我真想看到一颗彗星啊！爷爷，哈雷彗星还会回到这里来的，对吧？那它就是沿着椭圆形轨道在运动。"

"是的，哈雷彗星环绕轨道一周用时 76 年。它上一次出现的时候，我记得非常清楚，仿佛发生在昨天。那是在 1986年，你还没有出生。但作为补偿，你可以在 2062 年，看到它的回归。"

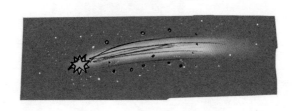

# 来自伦敦的问候

## 图表

"爷爷，您会不会有点想吉佳？"

"当然了，我很想念我的孙女。但是我很为她高兴，因为现在的这段经历，无论是对于她的工作，还是对于她的独立生活，都十分重要。你呢，想姐姐吗？"

"有点想，有点不想。"

"我敢打赌，因为现在整个房间都属于你，你觉得这其实很不错！"

"原来她在的时候，我玩乐高都不能出声，也不能模仿飞机、星舰或挖土机的声音。因为她马上会说：'嘘，安静点！我要学习！'"

"她其实没有错，因为要准备的考试真的很难。不过，现在你可以随便吵闹，想怎么样都行，也不会打扰到任何人。但是，我可一点都不想听见你的吵闹声……"

"我知道，但现在我已经不喜欢玩乐高了……然后，她还会帮我画画。"

"如果你愿意，我也可以帮你画画。我的铅笔画和水彩画都不错！"

"但是，每当我训练回来特别累的时候，她都会让我坐在床上，帮我脱鞋脱衣服，还帮我穿睡衣。您知道吗？马克把裤子撕破的时候，还是她给缝好的。而马克的妈妈一点都没有察觉到。"

"不管怎样，两个月后她就会回来了。你要有点耐心。"

"您想不想看看她给我寄的明信片？等一下，我把它从书包里拿出来，因为今天我把它带到学校里去了。"

"很好看！这些是伦敦的地铁线。你知道吗？设计这个地铁线路图的年轻设计师，用了两年的时间，才让上司们接受他的设计。虽然之后，这个设计启发了很多其他地铁线路图的设计，但最初他的上司们认为这个设计太抽象了，没有参考所到地点的几何特征。而设计师认为，了解地面上复杂交织的小路和巷子，一点意义也没有。重要的是，要知道与列车相关的每个车站与其他车站的相对位置。"

"我坐过巴黎的地铁，能看明白地铁图，还是我带着爸爸妈妈走的……"

"对啊，他们跟我说过了。你只看了一眼地图，马上就能给他们领路，像小野兔一样机灵。其实示意图还是挺清晰的，数学家们把它叫作'图表'。有个新的数学分支专门研究此类问题，就像地铁的地图一样，它计算的是不同点的位置和它们之间的联系，而不在乎它们之间的距离或面积，这就是'拓扑学'。"

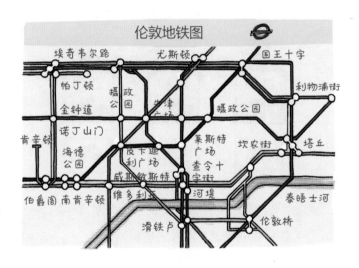

"拓扑学？这名字真奇怪……也许跟老鼠①没什么关系……但是，肯定有些小朋友会搞不明白的……因为地铁在地下，老鼠也在地下打洞，我有点晕了……爷爷您说呢？"

"那些很小的孩子，有可能会犯这个错误。虽然我认为把老鼠打洞提升到科学图表的高度，这个主意非常吸引人。但实际上拓扑学的英文单词 topology 一词源自希腊语：topos 的意

①拓扑学在意大利语中是 topologia，而老鼠在意大利语中是 topo。

思是'位置'，而 logos 的意思是'学科'，所以拓扑学的意思
是研究位置的学科。但是要注意，它并不是一个在古希腊时就
存在的学科，而是直到几百年前才诞生。你知道吗，用拓扑学
也可以出很多有趣的谜题。听好了：这里有 3 座新房子，要把
它们的管道与外部的煤气、水和电的管道连通。如果想要管道
不相互交叉，我们应该怎么做呢？来，你试着连接一下！"

"给我铅笔，我可是很会解谜的。如果是这样的话……等
等，我得重新画……我试了所有能想到的方法，但一定有一处
管道是交叉的。"

"你说得对，一定会有管道交叉。实际上，一个拓扑学家就证明了这点：这3组管道不可能没有任何交叉。这只是一个游戏，但实际上人们将拓扑学应用于更加重要的领域里：比如在计算机的集成电路中——需要用导电材料连接各个焊点；或者在各种通信网络中，比如铁路和公路；甚至在手机系统菜单的框架结构中。在这些情况下，需要思维方式是拓扑式的，而不是几何式的。"

"虽然欧几里得不是拓扑学家，也肯定会设计道路和高速公路……"

"当然！没人会质疑伟大的欧几里得的能力。我们对于一切事物都需要有好奇心。正是一个很有趣的谜题，揭开了拓扑学的序幕……"

"我觉得，就像发明'概率'一样。不是有个玩骰子的人，因为想赢，所以跑去问一个数学家吗？然后，从那时候起，通过不断地研究学习，数学家们终于发明了'概率'。"

"正是如此。这次，这个谜题一下子抓住了德国小城柯尼斯堡居民的注意力。这个小城如今的名字是加里宁格勒，这里诞生了一位伟大的哲学家——伊曼努尔·康德。想一想，虽然只有少数人能像他一样，靠着灵活的头脑，畅游在人类知识的巨大迷宫中，但是，其实他从来没有离开过他出生的城市。

"也许他的同乡们也一样非常热爱这个城市。它坐落在普列戈利亚河的岸边及河中央的两个小岛上。

"在很长一段时间里，小城的居民习惯漫步于连接小岛与岸边的 7 座桥上。当他们散步的时候，思维也会跟着发散，于是他们就开始问自己：有没有可能从城市 4 个区中的任意一个区出发，一次性穿过所有的桥，去拜访剩下的另外 3 个区？你可能会说，这个问题可真没意义。"

"这个很像我们玩的一个字母游戏。写字的时候笔不能离开纸，笔画也不能重复。菲洛的首字母 F 不行，而马克的 M 却可以。

"我也想试一下桥的问题。如果我从这儿出发……不，最好从这边出发……不行啊，要想回到出发地，就必须有一座桥要走两遍！"

"柯尼斯堡的市民们也遇到了同样的问题。为了揭开谜底，他们决定向一位著名的数学家请教，他就是伟大的莱昂哈德·欧拉。"

"就是把数集教给公主的那个人？"

"对，就是他。他还证明了当指数是 3 时的费马大定理。想想看，菲洛，人们称欧拉在计算的时候不费吹灰之力，就像人类会呼吸，雄鹰会飞翔一样。在 1736 年，就是他回答了柯尼斯堡桥的问题，并赋予了拓扑学生命。"

"好吧，爷爷，那您现在解释一下，怎么能一次走遍这些桥，而不会同一座桥过两遍。不要一直给我讲数学史了……"

"我们来聊聊这件事。欧拉明白了，要解决这个问题，重点不是岛的形状、它们的面积或者诸如此类的问题，需要考虑的只是岛和桥的位置。

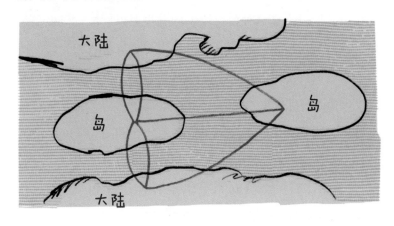

"所以，他把它们简化成一个示意图：把陆地用点来表

示，而每一条弧线代表一个连接，也就是一座桥。之后，他得到了这个图表：

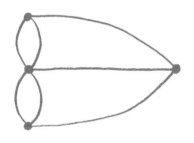

"数学家都喜欢画示意图。"

"然后，他分析：如果一个点上有两条弧线，则一条可以作为入口，另一条可以作为出口。如果所有的点都有两条弧线，那么问题就解决了：我们就可以去任何一个点，而不会经过同一条弧线两次。如果有些点拥有4条弧线，或者其他双数的弧线，我们都可以从其中一半的弧线进入，再从另一半的弧线出去，所以，在这种情况下，问题也可以解决。但可惜的是，在柯尼斯堡桥的问题上，每个点都拥有奇数的弧线。所以，最后欧拉得出了结论：'亲爱的市民们，就算你们磨穿鞋底，走得再多也是没意义的，因为你们不会成功！'这样也可以解释，为什么F字母不行，因为有一个点有3条线，而另外3个点仅有一条线，所以不能一笔连着写下来。"

"爷爷，那I呢？I这个字母只有两个点，每个点都只有一条线……但只要一笔就可以把它写下来。"

"让你逮个正着，这里是我不太严谨。事实上，欧拉的完整规则是，一次性通过所有的弧线有两种可能性：所有的点都拥有偶数弧线，或者其中只有两个点的弧线是奇数。在这里，从一个奇数点开始，到另一个奇数点结束的情况，就属于第二种类型。"

"爷爷，欧拉好聪明啊，我也想像他一样！告诉我，他之后有没有去柯尼斯堡散步？如果是我的话就会去，这样别人就会认识我，没准还会送我一些礼物……"

"我也不知道他有没有去过。当然，他学了很多，也写了很多，因为学得太多，他年轻的时候，一只眼睛就失明了；在他60岁的时候，白内障让他的另一只眼睛也看不见了。但是欧拉并没有灰心，他将新的工作口述给了众多儿孙们，又出版了大量的书籍。"

"看到没？我就总跟爸爸说，学得太多一点都不好，会变成瞎子的……也许还会死！实际上，爷爷，今天我就想跟您口头复述一下语法的句子。早点预防可比以后变成鼹鼠强。"

# 不用尺子和圆规
# 拓扑学

"今天课间的时候，我们玩得特别开心。每个人都按照自己的喜好，画了一个有很多座桥的城市，然后其他的人必须一次通过所有的桥，不能再通过第二次。但是，爷爷，在我讲欧拉的故事时，谁都没听说过他，也没人知道他因为学得太多，最后变成了瞎子！如果您好好想想，这个消息特别可怕。尽管欧拉写了很多书，但还是不怎么出名。想要出名，就必须要发明定理，看看毕达哥拉斯！"

"你放心，欧拉发明过定理。实际上，有一个定理就叫作'欧拉公式'。这个公式还十分讨人喜欢，每个人都能理解它，小朋友也一样。我现在就来解释一下。你看到这个正方形盒子了吗？

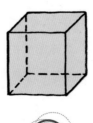

"跟我一起数一下。它有 8 个顶点、6 个面和 12 条边。现在，我们把顶点的个数与面的个数相加，再减去边的个数：

$$8 + 6 - 12 = 2$$

"我们就得到了 2。看起来好像是个特例，但实际上这是个惊喜。如果你拿一个金字塔、一个八面体，或者随便一个哪怕每个面都不同的多面体，也会出现同样的事。哪怕我们把立方体切一个角下去：

"也同样是：

$$顶点 + 面 - 边 = 2$$

"这就是欧拉公式。"

"有意思，如果是那个有很多面的立体图形呢……它叫什么名字来着？"

"二十面体。是的，这个公式对于它也同样适用。跟我一起想一下，我们截掉这个立体图形的一个角，就会多出一个面，而且形成了两个立体图形，看看这时候究竟会发生什么。

我们得到了一个新的面，3 条新的边；在截掉的顶点处，还形成了 3 个新的顶点，所以现在顶点的差值是 2。如果我们算一下，就会发现这所有的操作，对欧拉公式没有任何影响。

"事实正是如此：

$$(\text{顶点}+2)+(\text{面}+1)-(\text{边}+3)=2$$

"但到这里还没有结束，如果我们把正方体打开，平铺在一个平面上，欧拉公式仍然适用。

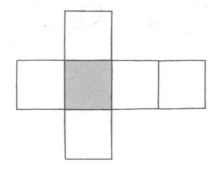

"数一数，顶点是 14 个，边变成了 19 条，面也增加了一个，在这里我们必须把平面下面的、那个看不到边界的平面也算上。这样公式依然可以成立：

$$14+7-19=2$$

"你怎么看？"

"我觉得，当欧拉发现它的时候，一定跟他所有的儿子、孙子一起好好庆祝了一下……那时候，已经不需要再用杀100头牛来感谢天神了，对吧爷爷？"

"等一下，还有另一个惊喜。给我你的橡皮泥。"

"您想做什么？我们要玩什么游戏吗？"

"耐心一点，这虽然看起来像个游戏，但实际上是一件很严肃的事情。你知道一块正方形的橡皮泥到底能做什么？看这里：

"我把它变成了一个圆，还可以把它变成一个椭圆或三角形……你需要了解，拓扑学家们用来工作的纸张，就类似一块橡皮泥，这些纸张可以随意地扩张、收缩或扭曲。重要的是，它们没有被撕破或折叠。所以，无论是正方形还是圆，或其他任何一条闭合曲线，只要它们的线条没有交叉，对于拓扑学家来说，就没有任何区别。从另一方面来说，就像我之前说过的，拓扑学最重要的是位置，是谁跟谁靠得比较近，而图形的形状或面积都不重要。所以，你准备好接受另一个惊喜了吗？欧拉公式不仅适用于多边形，还适用于任意一个图形！不过，有些名词改变了：顶点变成了点，边变成了弧线，本质却还是一样。看这片树叶：

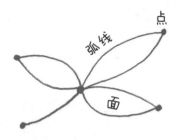

"它同样也适用：

$$点 + 面 - 弧线 = 2$$

"它有 5 个点，4 个面，这其中还包括叶片外的无限大的平面，还有 7 条弧线。"

"太神奇了！您的意思是，随便什么图形都可以吗？"

"没问题，你可以在纸上随便画一些点，然后根据你的喜好，把其中一些用弧线连起来，最后进行计算，就可以发现欧拉公式总是适用的。我可以跟你打赌。"

"我觉得拓扑学特别适合谜语和魔术，它还用了橡皮泥，你确定这真的是数学吗？"

"我百分之百确定，它是几何学的一个分支。你还记得，通过移动或者打光，我们可以从正方形得到另一个几何图形吗？而得到的那个图形，跟原始的正方形相比，相同的地方越来越少。我们还拿它们先跟双胞胎比较，然后跟两个兄弟比，之后再跟两个堂兄弟比，最后是跟两个朋友比。

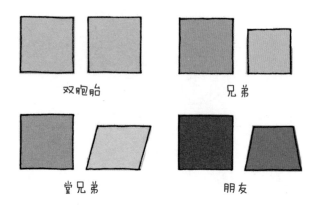

双胞胎　　　兄弟

堂兄弟　　　朋友

"现在，根据拓扑学，我们有了第五种正方形的变形。就是通过橡皮泥做的正方形变形得来的。在这种情况下，就连线段也不存在了，正方形变成了一个没有任何交叉的、任意的闭合曲线。所以，唯一剩下的特点就是线的连续性：在正方形中，每一个点都紧挨着旁边的点，在新的图形中，这个点也依然紧挨着相同的点。有点像小朋友手拉手转圈跳舞的时候，转着转着，圆圈的形状就不一样了，但是每个小朋友左右两边的人依然不变。另一件类似的事就是：如果我们把纸张拉伸，那么纸上画的正方形就会变形。新得到的图形，跟之前相比已经差别很大了。这两个图形有点像学校的两个同学，有共同点，但是比起两个好朋友之间就少多了。"

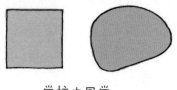

学校的同学

"如果这也算是几何，那我就最喜欢几何。就算把圆或正方形画得七扭八歪，也不会错，因为它们都是一样的。"

"这倒是真的，我们可以随意用手画，不需要尺子，也不需要圆规。正方体、球体、棱锥、鸡蛋……都是一个东西。如果是橡皮泥做的，只要让它变形，不要撕裂或对折，就可以把它从一个形状变到另一个形状。对于这些形状来说，唯一重要的就是它有没有洞。如果一个图形上有一个洞，那所有的拓扑变换图形里面，这个洞都会存在。所以，一个戒指，可以变成一个茶杯、一个锅盖……而一把铲子，却不能变成一个球或者一个盘子。

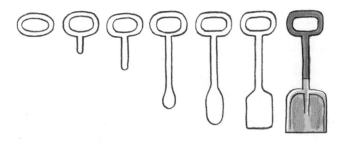

"有两个洞的图形也一样。想一想，一个有两个把手的锅，与一个救生衣背心相同。"

"过去我从来都没有想象过，数学能这么好玩。今天在学校，我还给大家出了 3 个小房子的谜题，所有人都拿着纸和笔，试着把它们与煤气、电灯和自来水管道连接起来。不过，之后我有点心软了，于是对他们说：'你们别费脑子了，其实这根本就没有解决方法。'"

"亲爱的菲洛，其实有一个解决方案。"

"有吗？"

"但是我们必须要创造一个很特殊的平面。"

"爷爷，快告诉我！咱们快把这个平面创造出来吧！"

"一眨眼的工夫就可以。拿一张纸，把它剪成纸条，然后将两头粘在一起，形成一个环。注意，在粘之前，我们先将一头旋转半圈。就像这样。"

"这有什么特殊的？我觉得很普通啊。"

"相信我，你等一下就会发现。去拿一支笔，现在，沿着圆环画一道线，一直画到重新回到起点为止。很好，就这样，你注意到了什么？"

"好奇怪！圆环的两面都被笔画上了颜色……我记得只画了一面。"

"这就是这个拓扑对象特殊的地方：它没有正反面之分，仅由一个表面构成。虽然它是以一个带有正反面的纸环为基础，但是，我们却得到了一个只有一面的图形。实际上，你可以将它整个涂上颜色，笔都不用离开纸或越过它的边界。而且它的边界也只有一个，没有上下之分，你试着给它上色后就明白了。菲洛，这个神奇的图形叫作'莫比乌斯环'。莫比乌斯是 19 世纪的德国数学家，就是他发明了这个环。"

"它真的是太特别了……"

"而且很有用。在需要传动带的齿轮里，比如皮带轮，如果用莫比乌斯带取代一般的圆环带，你大可放心，莫比乌斯带耐用的时间将是一般皮带的两倍……还有你的针式打印机的色带，也是莫比乌斯带。"

"好吧，爷爷，那谜题呢？"

"谜题已经解开了。如果房子和其他管道设施都位于一个莫比乌斯环上，你可以把它们连接起来，却不会有任何的交叉。试一试！"

"爷爷您太神奇了！明天我就带着胶水和剪刀去学校，我要看看到时候马克会是什么表情。橡皮泥我还是留在家里吧，我可不希望葛拉兹老师把它没收了。今天我已经上交了一个装满橡皮筋的信封，更糟糕的是，还有我用来给纸点火的放大镜。"

## 一个关于相信的问题

# 非欧几里得几何

"我从来没想过会有这样的运气！想想看，爷爷，我将一次实现两个愿望：坐飞机旅行和见到姐姐。而且，还不用等她回来，我就能拿到切尔西队的球衣。可惜您要留在这儿……您真的不想跟我们一起去吗？"

"这次就不去了。我会去你堂哥古列莫那里住一阵，他一直都想让我去他那里。但如果下一次，她还在伦敦的话……"

"您去找古列莫？！那样的话我就有危险了。他肯定会想办法让您很开心……您要答应我，当我回来的时候，您一定会在这里！如果他愿意，也可以过来跟我们待在一起，要不然的话我就不想去了，我在家里等吉佳回来。"

"我保证，你回来的时候，我会在这里迎接你，你放心去吧。"

"爷爷，现在我们一起来看看地图，我想知道都会飞越哪些国家。您觉得，如果我从窗子往下看，能看出哪些是城市，哪些是河，哪些是山吗……"

"当然可以！如果没有云挡住的话，你可以好好地欣赏风景。到现在我还记得，当看到白雪皑皑的阿尔卑斯山那壮丽的景色时，我的心情犹如看到白色巨人的王冠……但是，菲洛，如果你想更加了解飞机的线路，应该看地球仪而不是地图。

"这两个事物的差别非常大。在平面上适用的规则，不一定在球面上适用。在球体上甚至存在着一种几何，不同于欧几里得的几何。你早晚会在学校学到的。"

"这就是为什么我受不了学校，它让人从来都无法安心。刚刚学会一个东西，马上就有另一个新的等着你。到底有什么是在球面上不行的？"

"先别激动。告诉我，当你在一个平面上时，想从一个点到达另一个点，哪条路线最短？"

"这个很简单，应该沿着直线走。"

"那么，如果你位于球面上，怎么办？你可走不了直线。"

"我应该沿着弧线走。"

"但连接两个点的，有很多条弧线。其中哪一条最短呢？"

"不知道。爷爷，您告诉我吧。"

"去拿一个橙子过来。现在，我们在橙皮上画两个点。看到了吗，我能用多少条弧线连接它们？

"每一条弧线都属于一个不同的圆。但是，这些圆当中只有一个是大圆，比如地球的赤道或者任意一条经线。现在我来给你实际证明一下：用一把刀沿着两个点，向着橙子的中心切开，把橙子分为大小一样的两半。这时，橙子皮的边缘就是个大圆，而它上面通过两点的圆弧，就是两点间距离最短的圆弧！这条弧线被称作'测地线'。明白了吗？"

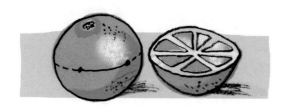

"明白了，我也给您举个大圆的例子。我去拿魔法水晶球来。它从来没办法显示未来，但我们可以把它用在科学上。我要拿一根皮筋绑在它的上面。看到了吗？如果皮筋被绑在大圆上，它就会停在那里，不会向两边滑。"

"非常好的办法！这是一个很棒的例子，我从来都没想到。其实就像你在送给马克的足球上绑的丝带一样：要想让丝带不滑动，就必须把它绑在大圆的位置上。

"总而言之，我亲爱的孙子，在通过两点的所有圆弧中，大圆的圆弧最短。这是一个具有革命性的概念。"

"不至于吧！"

"是真的，这个概念开拓了数学家的眼界。让他们意识到，不仅只有一种几何，不仅只有一种欧几里得的几何，还存在其他的几何，它们就是所谓的'非欧几里得几何'。"

"我从来没有听过这个名字。欧几里得这么较真儿的人，真的没有发现这些吗？"

"不是较真儿的问题，是因为研究的环境变了，所以游戏规则必须也要跟着改变。跟我想想，在平面中，两点之间直线最短。而球面上，两点之间最短的距离是大圆所在的圆弧。也就是说，直线和圆弧是两个相等的概念。你可以找到直线的平行线，大圆却没有任何平行线，所以在球面上根本就不存在两条平行线。"

"不存在？那地球的纬线是什么？"

"除了赤道以外，那些被称作纬线的都不是大圆。为了让你相信，确实不存在两个平行的大圆，你把两根皮筋绑在水晶球上试试。它们之间肯定会有两个交点。"

"总之，爷爷，您是想告诉我，球体上不能有铁轨存在？但地球是圆的，而在我们的星球上有好多火车正在飞跑。"

"我们的地球非常大，所以，一个很小的区域可以被看作近似于一个平面。"

"但是，就算在球面上不存在两条平行线，也不能认为是欧几里得的错。"

"没有人觉得是欧几里得的错，这仅仅是一个相信的问题。"

"相信的问题？"

"前段时间，你跟马克说：'相信我，上坡的时候要用低挡。'你还记得吗？但是下坡的时候，马克就不用再相信你说的话，也不再使用低挡了，因为条件发生了变化。"

"当然，他肯定得换挡。"

"当欧几里得在写几何书时，他说：'我将全部证明，但是你们必须要相信5个东西。我对这一点的要求很明确。'他要求我们相信的这5个'东西'，称作'公设'。'公设'的意思就是'要求被设定成这样的'。实际上，在他的13本书里，

167

作为理论基础的 23 个概念仅仅被简单定义了，比如，点是没有部分的东西；还有另外的 5 个概念被认为理所当然，因为它们显而易见，所以没有被证明，比如，部分小于整体。最后的这 5 个，被称作'公理'。'公理'一词源自希腊语，意思是'完全可信的''显而易见的'。现在让我们再回到公设，最后一条公设——欧几里得第五公设是，通过直线外的一点，有且仅有一条直线与该直线平行。你觉得我们应该相信这条公设吗？"

"当然，我无条件相信。非常肯定！"

"在平面上是，但就像我们刚刚看到的，它并不适用于球面。这就是为什么，球面几何被叫作'非欧几里得几何'。因为在它上面，欧几里得的第五公设不成立。如果这条公设不成立了，那么，所有以它为基础的公理也都不成立了。你记得那条关于三角形内角之和的定理吗？"

"是的，三角形的内角之和等于一个平角。"

"然而，当三角形画在球面上的时候，它们的和大于一个平角。"

"真的是这样，在球面上三角形被放大了，所以角也被放大了。爷爷，那正方形呢？球面上的正方形会怎么样？我有点担心，它的边应该是平行的才对……"

"现在先不要当哲学家了，我们下一次再聊那个。将来我会给你讲另一种几何，它告诉我们：过直线外一点的平行线有无数条。我们现在在地球仪上看看飞机的线路，然后马上就去睡觉，已经很晚了。明天将会是激动人心的一天，你可以在飞机上一边看着地球的弧度，一边想想正方形的问题。没准你能想到把它移到球面上的方法。"

"您说得对，要是妈妈发现我们还在聊天，会不高兴的。我得表现好点，不然在伦敦的时候就没有额外的零花钱了。我给您买点什么纪念品呢？我已经在想给您带什么回来了，但我想给您一个惊喜。这个东西比 5 米稍微长一点点……好了，不能再多透露了，不然的话，您这么聪明，肯定会猜出来的。"

"晚安，菲洛，睡个好觉。"

"晚安，爷爷。"

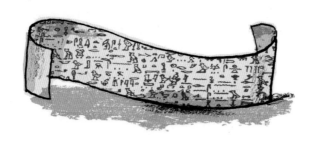

我要对乔凡尼·毕和维托里奥·德·彼得里斯致以由衷的感谢，感谢他们的宝贵意见。还要特别谢谢我的哥哥毛洛，他一直在教我数学知识。

图书在版编目（CIP）数据

几何真好玩 ／（意）安娜·伽拉佐利文；（意）阿德里亚诺·贡图；王筱青译. —— 海口：南海出版公司，2019.8

ISBN 978-7-5442-7694-8

Ⅰ.①几… Ⅱ.①安…②阿…③王… Ⅲ.①几何－青少年读物 Ⅳ.① O18-49

中国版本图书馆 CIP 数据核字（2019）第 084220 号

著作权合同登记号　图字：30-2019-051

MISTER QUADRATO. A SPASSO NEL MONDO DELLA GEOMETRIA
by Anna Cerasoli
Illustrations by Adriano Gon
Copyright © 2016 Editoriale Scienza S.r.l., Firenze-Trieste
www.editorialescienza.it
www.giunti.it
Simplified Chinese edition copyright ©
2019 THINKINGDOM MEDIA GROUP LIMITED
All Rights Reserved.

**几何真好玩**

〔意〕安娜·伽拉佐利 文　〔意〕阿德里亚诺·贡 图
王筱青 译

出　　版　南海出版公司　（0898）66568511
　　　　　海口市海秀中路51号星华大厦五楼　邮编 570206
发　　行　新经典发行有限公司
　　　　　电话(010)68423599　邮箱 editor@readinglife.com
经　　销　新华书店

责任编辑　侯明明　崔莲花
装帧设计　李照祥
内文制作　博远文化

印　　刷　北京盛通印刷股份有限公司
开　　本　889毫米×1194毫米　1/32
印　　张　5.5
字　　数　150千
版　　次　2019年8月第1版
印　　次　2024年7月第16次印刷
书　　号　ISBN 978-7-5442-7694-8
定　　价　49.00元